はじめに

散歩や通勤の途中などで、ふと足元に面白い形の木の実が落ちていた経験はありませんか。気が付いても、そのまま歩き去ってしまえばそれまでですが、それが何の実で、実になる前にどんな花が咲いていたか分かったら、いつもの散歩道が季節ごとに一層楽しい道になるのではないでしょうか。この本では既刊の『木の実の呼び名事典』をよりコンパクトにしつつ、出てくる種類を約2倍に増やして、名前の由来とともに紹介しました。名前の由来には諸説あることが多く、どれが本当かは難しいところです。スペースの関係上1〜2例しか載せられなかったことをご了承ください。また興味深い変わった木の実と風に運ばれる木の実をコラムで紹介するとともに、食べられる木の実を第2章にまとめました。食べられるものに関してはジャムや果実酒などに加工して食するものも入っています。これを参考にしながらよく確かめて、よく分からないものは口にせず、確認できてから食べるようにしてください。この本を片手に歩けば、一粒の木の実から、いつもの散歩道が植物園の小径に変わることでしょう。

木の実さんぽ手帖 目次

野山の木の実

青桐　アオギリ……8
青葛藤　アオツヅラフジ……9
赤四手　アカシデ……10
犬四手　イヌシデ……11
熊四手　クマシデ……12
赤松　アカマツ……13
赤芽柏　アカメガシワ……14
油瀝青　アブラチャン……15
亜米利加鈴懸の木　アメリカスズカケノキ……16
紅葉葉鈴懸の木　モミジバスズカケノキ……17
粗樫　アラカシ……18
犬榧　イヌガヤ……19
水蠟樹　イボタノキ……20
以呂波楓　イロハカエデ……21
姥目樫　ウバメガシ……22
梅擬　ウメモドキ……23
蔓梅擬　ツルウメモドキ……24
野茉莉　エゴノキ……25
白雲木　ハクウンボク……26
槐　エンジュ……27
針槐　ハリエンジュ……28
大葉夜叉五倍子　オオバヤシャブシ……29
榛の木　ハンノキ……30
要黐　カナメモチ……31
枳殻　カラタチ……32
烏山椒　カラスザンショウ……33
唐松（落葉松）　カラマツ……34
木大角豆　キササゲ……35
木蔦　キヅタ……36
御柳梅　ギョリュウバイ……37
桐　キリ……38
臭木　クサギ……39
樟　クスノキ……40
櫟　クヌギ……41
黒鉄黐　クロガネモチ……42
高野槙　コウヤマキ……43
広葉杉　コウヨウザン……44
小楢　コナラ……45
児手柏　コノテガシワ……46
辛夷　コブシ……47
小紫　コムラサキ……48
紫式部　ムラサキシキブ……49
皁莢　サイカチ……50
山茶花　サザンカ……51
藪椿　ヤブツバキ……52
茶の木　チャノキ……53
更紗灯台　サラサドウダン……54

猿捕茨　サルトリイバラ……55
珊瑚樹　サンゴジュ……56
樒　シキミ……57
支那柊　シナヒイラギ……58
車輪梅　シャリンバイ……59
白樫　シラカシ……60
白だも　シロダモ……61
吸葛　スイカズラ……62
杉　スギ……63
栴檀　センダン……64
千両　センリョウ……65
万両　マンリョウ……66
橘擬　タチバナモドキ……67
常磐山査子　トキワサンザシ……68
紅紫檀　ベニシタン……69
椨の木　タブノキ……70
吊花　ツリバナ……71
独逸唐檜　ドイツトウヒ……72
唐楓　トウカエデ……73
唐鼠黐　トウネズミモチ……74
鼠黐　ネズミモチ……75
梛　ナギ……76
夏椿　ナツツバキ……77
姫沙羅　ヒメシャラ……78
南京黄櫨　ナンキンハゼ……79
南天　ナンテン……80
錦木　ニシキギ……81

合歓木　ネムノキ……84
野葡萄　ノブドウ……85
這杜松　ハイネズ……86
黄櫨の木　ハゼノキ……87
花筏　ハナイカダ……88
花水木　ハナミズキ……89
姫榊　ヒサカキ……90
檜　ヒノキ……91
喜馬拉耶杉　ヒマラヤスギ……92
楓　フウ……93
紅葉葉楓　モミジバフウ……94
福木　フクギ……95
藤　フジ……96
刷子の木　ブラシノキ……97
豆黄楊　マメツゲ……98
真弓　マユミ……99
水木　ミズキ……100
無患子　ムクロジ……101
曙杉　メタセコイア……102
落羽松　ラクウショウ……103
黐の木　モチノキ……104
八手　ヤツデ……105
百合の木　ユリノキ……106

食べられる木の実

- 秋茱萸　アキグミ……108
- 木通　アケビ……109
- 三葉木通　ミツバアケビ……110
- 郁子　ムベ……111
- 一位　イチイ……112
- 無花果　イチジク……113
- 銀杏　イチョウ……114
- 犬枇杷　イヌビワ……115
- 犬槇　イヌマキ……116
- 団扇仙人掌　ウチワサボテン……117
- 榎　エノキ……118
- 蝦蔓　エビヅル……119
- 鬼胡桃　オニグルミ……120
- 莢蒾　ガマズミ……121
- 鎌柄　カマツカ……122
- 榧　カヤ……123
- 花梨　カリン……124
- 榲桲　マルメロ……125
- 枸杞　クコ……126
- 梔子　クチナシ……127
- 栗　クリ……128
- 玄圃梨　ケンポナシ……129
- 石榴　ザクロ……130
- 山茱萸　サンシュユ……131
- 山椒　サンショウ……132
- 亜米利加采振木　ジューンベリー……133
- 須田椎　スダジイ……134
- 酸実　ズミ……135
- 西洋実桜　セイヨウミザクラ……138
- 角榛　ツノハシバミ……139
- 栃の木　トチノキ……140
- 夏櫨　ナツハゼ……141
- 棗　ナツメ……142
- 七竈　ナナカマド……143
- 庭梅　ニワウメ……144
- 接骨木　ニワトコ……145
- 野茨　ノイバラ……146
- 浜梨　ハマナス……147
- 枇杷　ビワ……148
- 黒実木苺　ブラックベリー……149
- 木瓜　ボケ……150
- 馬刀葉椎　マテバシイ……151
- 紅葉苺　モミジイチゴ……152
- 山桑　ヤマグワ……153
- 山法師　ヤマボウシ……154
- 山桃　ヤマモモ……155

コラム① 風に乗って飛び散る木の実　82
コラム② 変わった木の実、おもしろい木の実　136

※本書は、『木の実の呼び名事典』(2013年刊) の掲載種を大幅に増やし、内容を再構成したものです。

野山の木の実

青桐
アオギリ

別名：アオノキ
Firmiana simplex
アオイ科　落葉高木
分布：本州、四国、九州、沖縄
長さ：7〜9cm

野山の木の実

キリのような大きな葉と青い(緑)樹皮からアオギリと呼ばれますが、キリの仲間ではなく、現在は遺伝子レベルの研究などから、アオイ科に分類されています。10cmほどの実は熟すと食器のレンゲのような形の縁に種子をつけ、やがてそれがプロペラのように風に舞い、飛散します。

中国が原産で、キリと名がつくがキリの仲間ではない。

さんぽメモ

青葛藤
アオツヅラフジ

別名：カミエビ
Cocculus orbiculatus
ツヅラフジ科　落葉つる性低木
分布：日本全土
直径：約6㎜

野山の木の実

雌雄異株なので実は雌株にしかつかない。これはやがて実になる雌花。

さんぽメモ

昔からこの仲間のつるを編んで作った籠を葛籠（つづら）といいました。葛籠を編んだからツヅラフジで青い実がなるからアオツヅラフジといいます。ツヅラフジは漢字で葛藤と書き、複雑なつるの絡みの「葛藤」（かっとう）や「つづら折り」などの語源ともいわれます。果実は有毒です。

赤四手
アカシデ

別名：コシデ
Carpinus laxiflora
カバノキ科　落葉高木
分布：北海道、本州、四国、九州
長さ：5～8㎝

野山の木の実

果穂の果苞の数はイヌシデより多いが、繊細で女性的。

シデの仲間にはこの他にイヌシデ、クマシデなどがありますが、アカシデが最も繊細で女性的な感じがします。花穂や葉の柄が赤みがかるところから、アカシデと呼ばれます。シデとは神棚のしめ縄にある紙飾り(四手)のことで、実についた苞が連なる様子をこれに見立てたものです。

さんぽメモ

犬四手
イヌシデ

別名：シロシデ
Carpinus tschonoskii
カバノキ科　落葉高木
分布：本州、四国、九州
長さ：4～12cm

野山の木の実

果穂の果苞の数はシデの仲間で最も少ない。

さんぽメモ

アカシデよりは葉が大きいけれど、クマシデほど荒々しくなく、ここにあげたシデ類3種中果穂は最も疎らなので、しめ縄の四手にいちばん近い形をしています。また灰白色の樹皮に捩れた縦縞模様が出ることが多いのが特徴で、美しいものです。アカシデに対しシロシデとも呼ばれます。

熊四手
クマシデ

別名：カタシデ
Carpinus japonica
カバノキ科　落葉中高木
分布：本州、四国、九州
長さ：6〜9cm

野山の木の実

葉の側脈の数が多く整然としているのが特徴で、新緑のときはこれが一段と美しいものです。果穂は、ここにあげたシデ類3種の中では最も密で太いのでクマとついたのでしょう。その形はまるでホップの実を長くしたように見えます。材が堅いところから、カタシデとも呼ばれます。

果苞がびっしり重なり合った果穂（かすい）は、まるでホップの実のよう。

さんぽメモ

赤松
アカマツ

野山の木の実

別名：メマツ
Pinus densiflora
マツ科　常緑針葉樹
分布：本州、四国、九州
長さ：3〜6cm

クロマツに比べて樹皮が赤いのが名前の由来ですが、クロマツが暖かい海岸線に多く男性的なので雄松と呼ばれるのに対して、アカマツは内陸や山に多く女性的なため雌松とも呼ばれます。実はいわゆるマツボックリで、乾燥時に松かさが開いて翼のある種子がこぼれ落ち飛散します。

アカマツ林はマツタケの生産林で、日本各地に広く分布する。

さんぽメモ

赤芽柏
アカメガシワ

別名：ゴサイバ
Mallotus japonicus
トウダイグサ科　落葉高木
分布：本州、四国、九州
直径：約8mm

野山の木の実

5〜6月の新緑の時期、赤い新芽がよく目立つのでこの名がありますが、柏餅のカシワ（ブナ科）とは別の仲間でトウダイグサ科です。しかし柏と同じように、昔から大きな葉を食物をのせたりするのに使ったので、カシワとついたといわれます。秋に実が裂けて黒い種子が出てきます。

雌雄異株で枝先に円錐花序を出す。これは雄株に咲く雄花。

さんぽメモ

油瀝青
アブラチャン

野山の木の実

別名：ムラダチ
Lindera praecox
クスノキ科　落葉高木
分布：本州、四国、九州
直径：1.5㎝

熟し始めた果実。もう少しすると裂開して種子を出す。

春先に淡黄色の細かい花を枝先にちりばめたように咲かせますが、雌雄異株なので実は雌株にしかつきません。秋に緑褐色に熟した実は裂けて種子を出します。この種子や樹皮には多量の油を含んでいるため、昔は灯油として使われたといいます。名はそこからきていて油瀝青と書きます。

さんぽメモ

亜米利加鈴懸の木
アメリカスズカケノキ

野山の木の実

別名：プラタナス
Platanus occidentalis
スズカケノキ科　落葉小高木
分布：日本全土
直径：2.5〜3cm

日本で見られるスズカケノキの仲間は、スズカケノキ、アメリカスズカケノキ、モミジバスズカケノキの3種類で、それぞれ数は異なるものの、秋に枝から垂れ下がるまるい集合果を山伏が身につけた鈴懸に見立てたのが名の由来です。これら3種は属名からプラタナスと総称されます。

樹皮は褐色で縦に割れ目ができ、はがれ落ちる。

さんぽメモ

紅葉葉鈴懸の木
モミジバスズカケノキ

別名：カエデバスズカケノキ
Platanus x acerifolia
スズカケノキ科　落葉高木
分布：日本全土
直径約：2.5㎝

野山の木の実

春の芽吹きと同時に開花した雌花は、新緑の頃には大きく育っている。

前述のアメリカスズカケノキとスズカケノキの交配種がモミジバスズカケノキで、3種のうちでは街路樹等で最もよく見かけます。それぞれの親の形態の中間的な特徴をもち、葉がモミジの葉に似ているところからこの名がつきました。集合果の数も両親の中間的な2〜3個です。

さんぽメモ

粗樫
アラカシ

野山の木の実

別名：ナラバガシ
Quercus glauca
ブナ科　常緑高木
分布：本州、四国、九州
長さ：1.5〜2.2㎝

日本の照葉樹林を構成する代表的な木のひとつで、カシは材が堅い意味の堅しから、そのカシの仲間の中でも枝や葉が大きく荒々しいところからアラカシとなりました。ドングリも比較的がっちりしていて、殻斗(帽子)には5〜6本の輪があります。樹皮の色からクロガシとも呼ばれます。

お辞儀をしながら伸びてくる新芽と、そこから出た細長い雄花序。

さんぽメモ

犬榧
イヌガヤ

別名：ヘビノキ
Cephalotaxus harringtonia
イヌガヤ科　常緑針葉低木
分布：本州、四国、九州
長さ：2〜2.5㎝

野山の木の実

細かい葉のつけ根に白っぽく見えるのは雄花。雌花はさらに目立たない。

カヤによく似ているのに、実は食べられないので、カヤより劣るという意味でイヌがつきました。葉はカヤよりやや大きめで、先は尖っているものの触ってもカヤより痛くないのがふつうです。実からは油が採れ昔は灯油にしたそうです。

水蠟樹
イボタノキ

別名：カワネズミモチ
Ligustrum obtusifolium
モクセイ科　落葉低木
分布：北海道、本州、四国、九州
長さ：6〜7㎜

この木の枝につくイボタロウムシの分泌物から採ったイボタ蠟（ろう）は有名で、昔から蠟燭や家具の手入れに使われました。この蠟で疣を取ったので疣取りの木が転訛してイボタノキとなったといいます。夏の頃緑色だった果実は秋には長さ5〜6㎜の楕円形に育ち、やがて黒紫色に熟します。

葉が色づき始める頃、果実は紫黒色に熟す。

以呂波楓
イロハカエデ

野山の木の実

別名：イロハモミジ
Acer palmatum
カエデ科　落葉高木
分布：本州、四国、九州
長さ：1～2㎝

春の芽吹きと同時に咲く花。新緑の黄緑と赤のコントラストが美しい。

葉の形がカエルの手のようなのでカエデ、葉先をイロハニホヘトと数えたのでイロハカエデとなりました。イロハモミジともいいます。カエデの仲間の実はみな翼があるので翼果と呼ばれますが、2つ向かいあったプロペラ状の翼果がやがてひとつずつ分かれて飛んでいきます。

さんぽメモ

姥目樫
ウバメガシ

別名：ウマメガシ
Quercus phillyraeoides
ブナ科　常緑小高木
分布：本州、四国、九州、沖縄
長さ：1.8〜2.4cm

野山の木の実

実は茶色く熟すと殻斗から離れ落ちてしまう。

若葉が褐色をしているのを老女に見立てた名前といわれます。材が非常に緻密で堅いので備長炭の原料となることで有名です。もともと海岸線の岩場等に生える木なので塩気に強い丈夫な葉をもっており、実はコナラなどによく似たドングリで、開花後2年目の秋に茶褐色に熟します。

細長いのは雄花序。雌花は枝に直接つく。

さんぽメモ

梅擬
ウメモドキ

別名：ウメボトケ
Ilex serrata
モチノキ科　落葉低木
分布：本州、四国、九州
長さ：5〜6㎜

野山の木の実

赤く熟した果実は美しく、古くから観賞の対象とされてきた。

落葉広葉樹の林に生える落葉低木ですが、実が赤くてきれいなので庭木や公園樹としても植えられます。枝葉の様子がウメに似ているけれどウメでないところからついた名前です。秋に葉が落ちてからも残る赤い実は、時には枝を埋め尽くすほどびっしりとつき美しいものです。

さんぽメモ

蔓梅擬
ツルウメモドキ

雌雄異株で、これは雌株。

別名：ツルモドキ
Celastrus orbiculatus
ニシキギ科　落葉つる性木本
分布：日本全土
直径：7〜8㎜

つる性の植物で枝葉がウメに似ているけれどウメでないという意味の名前です。雌雄異株で雌株には秋に直径6〜7㎜の果実が黄色く熟し、やがてこれが3裂して開くと中から鮮やかな赤い仮種皮に包まれた種子が顔を出します。この赤い色を目印にメジロなどの野鳥がやって来ます。

野山の木の実

5〜6月に葉のつけ根に淡緑色の地味な花をつける。

野茉莉
エゴノキ

若い実は
石鹸の代用になる。

下向きにびっしり咲く花には、次々に
虫が訪れ花粉を媒介する。

別名：ロクロギ
Styrax japonica
エゴノキ科　落葉小高木
分布：日本全土
長さ：0.9～1.2㎝

野山の木の実

5月頃純白の花を多数下向きに垂らして咲かせ、その後できるたくさんの緑色をした実が口にするとえぐいところからエゴノキとなったといいます。有毒なサポニンを含んでいるので食べてはいけません。実は秋になって熟すと果皮が縦に割れて中から褐色の種子がひとつだけ現れます。

さんぽメモ

白雲木
ハクウンボク

野山の木の実

別名：オオバヂシャ
Styrax obassia
エゴノキ科　落葉小高木
分布：北海道、本州、四国、九州
直径：1～1.5㎝

前述のエゴノキと近い仲間で、ひとつひとつの花や実の形はよく似ていますが、つき方や大きさが少し異なります。ハクウンボクは花がいくつも連なって咲く姿が白雲のようなので、この名がつきました。実もエゴノキの実をふた回りほど大きくしたものが花序に連なってぶら下がります。

ひとつひとつの花はエゴノキそっくりだが、連なって咲く。

さんぽメモ

槐
エンジュ

野山の木の実

別名：カイジュ
Styphnolobium japonicum
マメ科　落葉高木
分布：北海道、本州、四国、九州
長さ：2.5〜5cm

中国北部原産のマメ科の落葉樹で古く中国から入ってきて、エンジュの名は古名のエニスが転訛したものといわれます。別名を槐樹（カイジュ）ともいい、中国では昔から学問と権威の象徴とされ、最高の階位は槐位（かいい）と称されました。緑色をした豆の莢（さや）は種子の間が大きくくびれています。

夏に白い花をたくさんつけ、蜜源植物としても有用。

さんぽメモ

針槐
ハリエンジュ

別名：ニセアカシア
Robinia pseudoacacia
マメ科　落葉高木
分布：日本全土
長さ：6〜10㎝

最もよく使われるニセアカシアという呼び名は学名の種小名を直訳したものといわれます。標準和名はハリエンジュでこれは針のあるエンジュの意味です。砂防などの目的や公園樹として各地に植えられましたが、現在では増えすぎて問題になっています。実は10㎝ほどの豆の莢です。

5〜6月に咲く白い花は、エンジュ同様蜜源になる。

大葉夜叉五倍子
オオバヤシャブシ

別名：ハリノキ
Alnus sieboldiana
カバノキ科　落葉小高木
分布：本州
長さ：約2cm

野山の木の実

左から果実、葉芽、雄花の芽（4個）、雌花の芽（最先端中央の1個）

さんぽメモ

名の由来は果穂を夜叉に見立て、それを五倍子（ふしと読み、ヌルデの虫こぶから採る黒い染料）の代用としたヤシャブシの、大きい葉の一種の意味です。崩壊地などにいち早く生えるパイオニア植物で、砂防や緑化にも利用されています。果穂は2～3cmで熟すと小さな翼果を飛散します。

榛の木
ハンノキ

別名：ハリキリ
Alnus japonica
カバノキ科　落葉高木
分布：日本全土
長さ：1.5〜2㎝

野山の木の実

オオバヤシャブシと同じ仲間ですが、ハンノキはより湿った土地を好み、湿地に林を作ります。昔から田の畦に植えてイネを干す稲架(はさ)かけに利用されました。開墾の意の墾(はり)から榛の木(はりのき)、訛ってハンノキとなったといわれます。果穂は翌年の花の時期にもまだ残っています。

10月頃熟すが、新緑の頃まで実は残っている。

さんぽメモ

要黐
カナメモチ

別名：アカメモチ
Photinia glabra
バラ科　常緑小高木
分布：本州、四国、九州
直径：4〜5mm

野山の木の実

紅い新芽が美しく生垣に使われる。

さんぽメモ

堅い材が扇の要に使われ、モチノキに似ているのが名前の由来といわれますが、モチノキの仲間ではありません。現在ではオオカナメモチとの交配種のレッドロビンと呼ばれる品種が若芽の赤がより鮮やかなため、生け垣などに植栽されています。刈らなければ秋に赤い実が楽しめます。

枳殻
カラタチ

別名：キコク
Poncirus trifoliata
ミカン科　落葉低木
分布：日本全土
直径：3.5～5㎝

野山の木の実

名は唐橘（からたちばな）が詰まったものといわれ、中国原産の落葉低木です。枝には大きな鋭い刺（とげ）がたくさんあるので、侵入防止の生け垣などによく使われています。果実は黄色いピンポン玉のようで、食用にはなりませんが、若い果実を乾燥させたものを健胃薬にするそうです。

さんぽメモ

果実はピンポン玉大の大きさ。
枝に刺があり防犯に役立つ。

烏山椒

カラスザンショウ

別名：アコウザンショウ
Zanthoxylum ailanthoides
ミカン科　落葉高木
分布：本州、四国、
　　　九州、沖縄
直径：3〜5mm

果実は熟すと裂開する。

野山の木の実

秋、樹冠部は熟し始めた果実で赤紫色に染まる。

サンショウと近縁ですが、サンショウが低木なのに対してカラスザンショウは15mにもなる落葉高木です。名前の由来は大きいのでカラスとついたともいわれますが、カラスが好んで種子を食べるので、という方が説得力があります。アルカロイドを含むので人間は食べない方が無難です。

唐松（落葉松）
カラマツ

新緑の頃の若い緑色の果実も美しい。

別名：フジマツ
Larix kaempferi
マツ科　落葉針葉高木
分布：本州
長さ：約2.5㎝

日本固有種の落葉針葉樹で、新葉の様子が唐絵の松に似ているところからついた名前といわれます。材は精度的には狂いやすいものの、丈夫で、建材、土木、パルプなどに利用されるため、各地に植林されました。開花した年に熟す球果は約2〜3㎝の小さくて繊細なマツボックリです。

紅葉は山全体を秋色に染める。

木大角豆
キササゲ

別名：カワギリ
Catalpa ovata
ノウゼンカズラ科　落葉高木
分布：日本全土
長さ：30〜40㎝

キササゲの花

野山の木の実

生薬として利用するときは、裂ける前の緑色の莢を使う。

中国原産で、古くから果実を乾燥させたものを梓実（しじつ）の名で生薬として利用してきました。その果実の形がササゲに似ているので、木になるササゲの意味でキササゲと呼ばれていますが、マメ科ではなくノウゼンカズラ科です。果実が熟すと中から毛の翼をもつ種子が飛散します。

木蔦
キヅタ

別名：フユヅタ
Hedera rhombea
ウコギ科　常緑つる性木本
分布：本州、四国、九州
直径：約8㎜

野山の木の実

同じように木によじ登るツタは秋に紅葉後落葉しますが、キヅタは常緑で冬でも青々としています。多くの付着根を出す太い茎が木のようなのでキヅタと名がついたのでしょう。ヘデラやアイビーの名で流通しているセイヨウキヅタも同じ仲間です。冬にヤツデに似た果実をつけます。

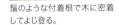
鬚のような付着根で木に密着してよじ登る。

御柳梅
ギョリュウバイ

別名：ネズモドキ
Leptospermum scoparium
フトモモ科　常緑低木
分布：日本全土
直径：約8mm

ギョリュウバイの花

野山の木の実

果実は鈴のような形で堅く、指ではとても潰せない。

ギョリュウという植物に葉が似ていてウメのような花をつけるのが名の由来です。ニュージーランド及びオーストラリア南東部原産で、ニュージーランドではこの原種がマヌカと呼ばれ、昔からマオリの人々のハーブとして利用されています。堅い果実は熟すと細かい種子を散らします。

桐
キリ

野山の木の実

別名：シロギリ
Paulownia tomentosa
キリ科　落葉高木
分布：日本全土
長さ：3〜4cm

軽くて狂わず、湿気を通さないキリの材は、昔から箪笥や下駄など多くのものに利用されています。パイオニア植物なので成長が早く、伐ることによって若木が出て早く育つので、伐りの木からキリとなったといいます。家紋でも知られるように花も葉も立派ですが、果実も存在感は十分。

4〜5月頃、葉の展開とほぼ同時に紫色の花を咲かせる。

さんぽメモ

臭木
クサギ

クサギの果実

8月に咲く白い花には、アゲハの仲間がよく吸蜜に訪れる。

野山の木の実

別名：クサギリ
Clerodendrum trichotomum
シソ科　落葉小高木
分布：日本全土
直径：6〜8㎜

葉を揉むと臭いので臭い木からクサギとなりました。しかし若葉のうちはお茶にしたり、茹でて食べたり山菜として利用されることもあります。夏のお盆の頃に長い蕊をもつ白い花を次々に咲かせとてもきれいですが、秋に熟す実も、赤い萼に青い果実がのっていて花以上によく目立ちます。

樟
クスノキ

野山の木の実

別名：クス
Cinnamomum camphora
クスノキ科　常緑高木
分布：本州、四国、九州
直径：約8mm

日本の常緑広葉樹を代表する木のひとつですが、古く中国から入った史前帰化植物といわれています。全体に芳香があって樟脳（しょうのう）の原料になるので、薬の木からクスノキという名になったとか、臭い木が語源とかの諸説があります。果実は若いうちは緑色ですが、秋には黒く熟します。

5～6月に黄白色の花をたくさんつける。

さんぽメモ

櫟
クヌギ

別名：ツルバミ
Quercus acutissima
ブナ科　落葉高木
分布：本州、四国、九州
長さ：2～3.5cm

野山の木の実

春の花の時期には鮮やかな黄褐色で雑木林を彩る。

さんぽメモ

昔から薪や建材、シイタケの榾木（ほたぎ）などに利用され、コナラなどとともに里山を構成する重要な木でした。またまるい独特の形の堅果（ドングリ）は古代からアク抜きをして食用にしていたようです。そんなところから食之木（くのき）あるいは国木（くにき）が名前の由来といわれています。

黒鉄黐

クロガネモチ

野山の木の実

別名：フクラシバ
Ilex rotunda

モチノキ科　常緑高木
分布：本州、四国、九州、沖縄
直径：約6㎜

モチノキの仲間で全体に色が濃いのを鉄にたとえた名前です。赤い果実はモチノキより小さいものの、光沢のある鮮やかな赤い実が多数ついて美しいので、庭木や公園樹などにも利用されています。また熟した果実はヒヨドリなどの野鳥の好物なので、野鳥を呼ぶ木としても有効です。

6月頃葉陰に小さな花をたくさんつけるが、あまり目立たない。

さんぽメモ

高野槇
コウヤマキ

別名：ホンマキ
Sciadopitys verticillata
コウヤマキ科　常緑針葉高木
分布：本州、四国、九州
長さ：8〜12㎝

野山の木の実

球果は角がなく、マツのものより優しい感じがする。

さんぽメモ

マツよりは太く、イヌマキより細い葉をもつコウヤマキは、かつて北半球に広く分布していたものの、現在では日本と韓国の済州島のみの固有種です。紀州の高野山に多いのが名の由来といわれ、高野山では霊木とされています。頂部から葉が出ることのあるマツボックリが特徴的です。

広葉杉
コウヨウザン

野山の木の実

別名：オランダモミ
Cunninghamia lanceolata
スギ科　常緑針葉高木
分布：本州、四国、九州
長さ：2.5～4.5㎝

カヤノキの葉先をより鋭角にしたような葉をもつ常緑高木で樹高は30mにもなります。成長が早いためか折れやすく材も柔らかい傾向があります。広い葉の杉の意味で広葉杉(コウヨウザン）といわれますが、本来「杉」という漢字はコウヨウザンのことを指したといわれます。

枝の先端に集中する球果は、枯れると枝ごと落ちてくる。

さんぽメモ

小楢
コナラ

別名：ナラ
Quercus serrata
ブナ科　落葉高木
分布：日本全土
長さ：1.5～2.5㎝

野山の木の実

垂れ下がっているのは雄花序で、雌花は枝に1～2個ずつついている。

クヌギとともに薪や炭の原料を採るために植えられ、里山を代表する木のひとつです。葉が広くて平たいのを「ならす」といったところからナラとなり、ミズナラがオオナラというのに対して、小さいのでコナラとなりました。ドングリはクヌギより細長い、ドングリの標準的な形です。

さんぽメモ

児手柏
コノテガシワ

別名：テガシワ
Thuja orientalis
ヒノキ科　常緑針葉小高木
分布：本州、四国、九州
長さ：1〜2.5cm

野山の木の実

中国や韓国を原産とする常緑針葉樹で、子供の手のひらのように平たく広がった枝葉をもつカシワの意味です。柏という字は柏餅で知られるブナ科のカシワにも使われていますが、漢字本来の意味はコノテガシワなどヒノキ科やスギ科の植物を指します。角のある球果は熟すと褐色になります。

角のある球果は、若いうちは粉を帯びた灰緑色をしている。

早春の白花は清楚で美しい。

辛夷
コブシ

別名：ヤマアララギ
Magnolia kobus
モクレン科　落葉高木
分布：北海道、本州、四国、九州
長さ：6〜15㎝

野山の木の実

蕾は乾燥させて鎮痛、鎮静剤として利用される。

早春、ハクモクレンによく似た白い花を葉に先駆けて咲かせるコブシは、花の後できる果実が凸凹していて、手を握ったときの拳のようなのでこの名がつきました。ハクモクレンの花はみな上を向いて咲きますが、コブシの花の向きはさまざまです。庭木や街路樹にもよく使われています。

さんぽメモ

小紫
コムラサキ

別名：コシキブ
Callicarpa dichotoma
シソ科　落葉低木
分布：本州、四国、九州、沖縄
直径：3〜4㎜

野山の木の実

後述のムラサキシキブの仲間で、全体に小ぶりなのが名の由来です。小ぶりといっても果実の大きさは決して小さくはなく、長く垂れ下がるように伸びた枝にびっしり紫色の実をつける様子はみごとなものです。枝から花柄（かへい）が出る位置が葉のつけ根から数㎜離れているのが特徴です。

鮮やかな紫色の実は、葉腋（ようえき）より少し上の茎から柄を出している。

さんぽメモ

紫式部
ムラサキシキブ

別名：ミムラサキ
Callicarpa japonica
シソ科　落葉低木
分布：日本全土
直径：約3mm

野山の木の実

多数の紫色の実の重なりをムラサキシキミといいますが、源氏物語の作者の紫式部の名を連想してムラサキシキブになったといわれます。コムラサキのほうが実つきがよく派手なので庭木や公園樹では多く見かけますが、ムラサキシキブの野趣豊かな雰囲気は日本の風景によく似合います。

6月頃淡紫色の小花を、葉腋(ようえき)から対になってつける。

さんぽメモ

皁莢
サイカチ

サイカチの果実

野山の木の実

別名：カワラフジノキ
Gleditsia japonica
マメ科　落葉高木
分布：本州、四国、九州
長さ：20～30cm

一見ニセアカシアに似ていますが、幹や枝により大きな棘（とげ）をもち、長さ20～30cmにもなる大きな莢を実らせるのが特徴です。和名は漢方名の皁角子（そうかくし）が転訛したものといわれ、豆の莢は漢方で利尿や去痰に使われるほかサポニンを含むので石鹸のかわりにもなります。

大きな莢は螺旋状によじれていることが多い。

さんぽメモ

山茶花
サザンカ

別名：ヒメツバキ
Camellia sasanqua

ツバキ科　常緑高木
分布：本州、四国、九州、沖縄
直径：2〜3㎝

野山の木の実

早いものは10月頃から咲き始め、花色はいろいろある。

ツバキやチャノキの近縁で、中国語の山茶花（さんさか）が転訛したのが名の由来といわれます。開花時期はツバキより早くて秋から初冬にかけてで、花色は赤、白、淡紅色など多くの品種があります。花が咲き始める頃に前年の花の果実が熟して裂開し、中から堅い種子がこぼれ落ちます。

藪椿
ヤブツバキ

別名：ヤマツバキ
Camellia japonica
ツバキ科　常緑高木
分布：本州、四国、九州、沖縄
長さ：4〜5㎝

野山の木の実

日本の野生のツバキのうち、多雪地に多いユキツバキに対して、暖地に多いのがヤブツバキです。光沢を表す古語の「つば」を語源とし「つばの木」でツバキ。藪に生えている、あるいは藪になるからヤブツバキとなりました。秋に果実が裂開して、こぼれ落ちる種子からは椿油が採れます。

花は冬から早春に咲く。メジロが花粉の媒介を行っている。

茶の木
チャノキ

別名：チャ
Camellia sinensis
ツバキ科　常緑低木
分布：本州、四国、九州、沖縄
長さ：2〜2.5㎝

野山の木の実

花にはハナアブなど多くの虫が訪れる。

チャノキはツバキ科なのでサイズはだいぶ小さいものの、花や実の形はツバキやサザンカによく似ています。広東語で茶を意味する「チャ」が語源といわれ、茶を作る木からチャノキとなりました。10〜11月に白い花を咲かせますが、その頃木の下はこぼれ落ちた種子でいっぱいです。

更紗灯台
サラサドウダン

別名：フウリンツツジ
Enkianthus campanulatus
ツツジ科　落葉低木
分布：北海道、本州、四国
長さ：6〜8㎜

野山の木の実

サラサドウダンの花

ドウダンツツジの仲間で、花の縞模様が更紗に似ているので名がつきました。ちなみにドウダンは昔の家の夜の灯り(灯台)のことで、この脚部に枝の分かれ方が似ているとか、花が灯台の風除けに巻かれた紙に似ている等の説があります。花は下向きに咲きますが、果実は上向きに実ります。

果実は花と同じように房状につき、上向きで、赤から褐色に熟す。

猿捕茨
サルトリイバラ

サルトリイバラの雄花

葉は広楕円形で先端が尖る独特の形。

別名：サンキライ
Smilax china
サルトリイバラ科　落葉つる性低木
分布：日本全土
直径：7〜9㎜

野山の木の実

棘のあるつるにサルも絡まって捕まってしまうという意味の名前です。本当に捕まるかは疑問ですが、つるがとても丈夫なのは確かです。関西では若い大きな葉を柏餅を包むのに使う地域があります。散状につく果実は、秋には真っ赤に色づいて黄褐色に色づく葉とともに美しいものです。

珊瑚樹
サンゴジュ

サンゴジュの果実

野山の木の実

別名：ヤブサンゴ
Viburnum odoratissimum
スイカズラ科　常緑高木
分布：本州、四国、九州、沖縄
長さ：7〜9㎜

長さ15〜20㎝ほどの葉は光沢があって常緑でとてもみずみずしい感じですが、その水分をたくさん含んだ葉や幹が街路樹や庭木として火災を防ぐ効果があると、最近注目されています。秋には房状の果実が赤くなり、これを赤いサンゴに見立てたのが名前の由来です。

秋に赤くなった実は、完熟すると黒くなる。

さんぽメモ

樒
シキミ

野山の木の実

別名：ハナシバ
Illicium anisatum
マツブサ科　常緑小高木
分布：本州、四国、九州、沖縄
長さ：2〜3㎝

葉は枝先に集まり、春先に淡黄白色の花を咲かせる。

仏壇に供えるので、お寺の境内などでよく見かける常緑樹です。果実が中華料理の香辛料として使われる八角（トウシキミの果実）とそっくりですが、シキミの果実は有毒なので決して食べてはいけません。そんな毒のある実を、「悪しき実」と呼んだことからシキミとなりました。

さんぽメモ

支那柊
シナヒイラギ

別名：ヒイラギモチ
Illex cornuta Lindl
モチノキ科　常緑小高木
分布：日本全土
直径：8～10㎜

野山の木の実

中国原産で葉がヒイラギに似ているのでついた名前ですがモチノキ科で、モクセイ科のヒイラギとは違う仲間です。ヒイラギモチの別名もあり、12月頃にきれいな赤い実をつけるためチャイニーズホーリーなどの名でクリスマス用に出回ることもあるなど、多くの名をもっています。

葉は角が尖った四角形に見える。実は大きめでよく目立つ。

さんぽメモ

車輪梅
シャリンバイ

野山の木の実

別名:タチシャリンバイ
Rhaphiolepis indica
バラ科　常緑低木
分布:本州、四国、九州、沖縄
直径:約1cm

円錐状に集まって咲く花は美しい。

もともと海岸付近に自生している木で潮風に強い丈夫な常緑の葉は、排気ガスにも比較的強く道路脇の植え込みや公園樹などに使われています。枝葉が車輪状に付きウメのような白い花が咲くのでこの名がつきました。秋にはブルーベリーを堅くしたような実がなりますが、食べられません。

さんぽメモ

白樫
シラカシ

別名：クロカシ
Quercus myrsinifolia
ブナ科　常緑高木
分布：本州、四国、九州
長さ：13〜20㎜

野山の木の実

カシとは材が堅いところから、そしてその材が白っぽいのでシラカシと呼ばれるようになりました。しかし、樹皮は黒っぽいのでクロカシの別名もあり、ややこしいところです。材は非常に堅くて粘り気があるため昔から木刀などに使われています。ドングリはアクが強く食べられません。

葉には上部3分の2に鋸歯があり先は尖る。細長いのは雄花序。

さんぽメモ

白だも
シロダモ

別名：シロタブ
Neolitsea sericea

クスノキ科　常緑高木
分布：本州、四国、九州、沖縄
直径：10㎜

野山の木の実

新芽には毛が生えていて、金色や銀色に見える。

さんぽメモ

同じクスノキ科のタブノキの別名をダモといいますが、葉の裏が白くダモに似たところが名の由来といわれます。たしかにタブノキとヤブニッケイを足して2で割ったような印象の木ですが、そのどちらともちがうのは、実の色が赤いところです。実が赤く熟すと存在感が増します。

吸葛
スイカズラ

別名：キンギンボク
Lonicera japonica
スイカズラ科　常緑つる性木本
分布：日本全土
直径：5～8㎜

野山の木の実

花を引き抜いて吸うと甘いところからついた名前です。カズラとはつる性の植物を表します。花は咲き始めは白くて次第に黄色くなるので、金銀木（キンギンボク）、常緑もしくは半常緑のため冬を耐え忍ぶところから忍冬（ニンドウ）等の別名もあります。果実は秋に黒く熟します。

昔の子供は、おやつ代わりにこの花の蜜を吸った。

さんぽメモ

杉
スギ

別名：オモテスギ
Cryptomeria japonica
スギ科　常緑針葉高木
分布：本州、四国、九州
長さ：2〜2.5㎝

野山の木の実

花は雄花と雌花があり、これは花粉症の原因となる雄花。

さんぽメモ

最近は花粉症の原因として話題になることが多いスギですが、日本の固有種で真っすぐに伸びた材は昔から建築、船舶等の広い用途に利用されてきました。マツやヒノキとともに日本を代表する針葉樹のひとつです。名前はその真っすぐな様子を表す「直ぐ木」が転訛したといわれます。

栴檀
センダン

野山の木の実

別名：オウチ
Melia azedarach
センダン科　落葉高木
分布：本州、四国、九州、沖縄
長さ：約1.7cm

初夏に咲く紫色の花や秋から冬にかけて熟す黄白色の大きな実は、それぞれ独特な色や形で目を引きますが、その実が数珠のようにたくさんあるので千珠と呼ばれ、さらに転訛してセンダンとなったといわれます。「栴檀は双葉より芳し」の栴檀はこのセンダンではなく、白檀のことです。

5〜6月の新緑の頃に咲く花は趣深い。

さんぽメモ

千両
センリョウ

別名：クササンゴ
Sarcandra glabra
センリョウ科　常緑小低木
分布：本州、四国、九州
直径：5〜7mm

野山の木の実

赤い実がたくさんついておめでたいので、万両（マンリョウ）と並び千両（センリョウ）となったといわれます。このほか同じように赤い実がなる木では、カラタチバナを百両、アリドオシを一両と呼ぶことがあります。フタリシズカに近い仲間で、花を見るとよく似ていて納得できます。

茎の頂上にたくさんの実をつけるのが特徴。

さんぽメモ

万両
マンリョウ

野山の木の実

別名：ヤブタチバナ
Ardisia crenata
ヤブコウジ科　常緑小低木
分布：本州、四国、九州、沖縄
直径：約6㎜

センリョウとともに豊かに実る赤い実がおめでたいので万両（マンリョウ）となりました。センリョウが茎の先端に上向きに実がつくのに対して、マンリョウは茎の途中から横に枝を出して下向きに花や実がつきます。各地の林内でふつうに見られ、日本庭園にも欠かせない縁起物です。

7月頃小枝の先に白い花を下向きにつける。

さんぽメモ

橘擬
タチバナモドキ

別名：ピラカンサ
Pyracantha angustifolia
バラ科　常緑低木
分布：本州、四国、九州、沖縄
直径：約8mm

野山の木の実

若い実は縦長で白い産毛があるが、やがてなくなり扁平になり色づく。

実の色がミカン科のタチバナに似ているのでこの名がつきました。実際にはトキワサンザシと同じピラカンサと呼ばれるバラ科の仲間です。実がないときはトキワサンザシと見分けにくいですが、本種の葉裏には灰白色の毛が密生しているのに対し、トキワサンザシは表裏とも無毛です。

さんぽメモ

常磐山査子

トキワサンザシ

野山の木の実

別名：ピラカンサ
Pyracantha coccinea
バラ科　常緑低木
分布：本州、四国、九州、沖縄
直径：約8mm

同じバラ科のサンザシに似ていて、落葉樹のサンザシに対して常緑樹なのでこの名がつきました。より実が大きくて鈴なりになるヒマラヤトキワサンザシや前述のタチバナモドキなどを含めてピラカンサと総称され、庭や生け垣に植えられることが多く、野鳥を呼ぶためにも有効な木です。

枝葉が見えなくなるほどの実は、冬場の鳥の貴重な食料。

紅紫檀
ベニシタン

別名：シャリントウ
Cotoneaster horizontalis

バラ科　常緑小低木
分布：日本全土
直径：4～5㎜

野山の木の実

ベニシタンの果実

花や実の形はトキワサンザシとよく似ていますが、花柄が短く一つずつ独立してつくところが異なります。材にはサンタリンという色素を含み、羊毛を赤く染めるのに使ったそうで、その色を赤褐色の材で有名な紫檀（ローズウッド）に見立てて名がつきました。枝は低くほふく性です。

実はトキワサンザシに似るが小さく、花柄はほとんどない。

さんぽメモ

椨の木
タブノキ

別名：イヌグス、ダモ
Machilus thunbergii
クスノキ科　常緑高木
分布：本州、四国、九州、沖縄
直径：8～9㎜

タブノキの若い果実

野山の木の実

シイやカシとともに日本の照葉樹林を代表する木の一つです。大きな木なので古くから丸木舟を造るのに使われ、朝鮮語で丸木舟を意味するトンバイが訛ってタブとなったといわれます。歴史ある神社やお寺の境内には神々しいまでに樹齢を重ねたタブノキをよく見かけることがあります。

4～5月頃、新芽が開くとすぐに淡黄緑色の小さな花をつける。

さんぽメモ

吊花
ツリバナ

別名：エリマキ
Euonymus oxyphyllus
ニシキギ科　落葉低木
分布：北海道、本州、四国、九州
直径：9〜12mm

野山の木の実

果実が裂開すると、その先端に種子が姿を表わす。

さんぽメモ

丘陵地や山地の林縁などでよく見られる落葉低木で、花や実が長い柄の先端に垂れ下がってつく様子から「吊花」という名前がつきました。ニシキギやマユミ、マサキなどと近縁なため実の形はよく似ていて、熟すと割れて中から鮮やかな朱赤色の仮種皮に包まれた種子が顔を出します。

独逸唐檜
ドイツトウヒ

野山の木の実

別名：ヨーロッパトウヒ
Picea abies
マツ科　常緑針葉高木
分布：北海道、本州、四国、九州
長さ：10 〜 20 cm

クリスマスツリーとして人気の高いドイツトウヒですが、本場のクリスマスツリーもこの木だといわれています。またドイツの有名な「黒い森」の代表的な構成樹でもあります。日本のトウヒはエゾマツの変種とされ、材がヒノキの代用にされたため唐檜と呼ばれたのが名の由来です。

球果（マツボックリ）は2年がかりで熟す。雌雄同株。

さんぽメモ

唐楓
トウカエデ

別名：サンカクカエデ
Acer buergerianum
カエデ科　落葉高木
分布：北海道、本州、四国、九州
長さ：1.5〜2 cm

野山の木の実

カエデの仲間でも実の数は多い。紅葉も美しく街路樹に使われる。

カエデとはカエルの手が語源ですが、トウカエデはカエルというより、化石にある恐竜の足跡のような形をしています。江戸時代に中国から贈られたので「唐カエデ」となりました。とても丈夫なので街路樹に多く使われています。日本のカエデと異なり樹皮が剥離するのも特徴の一つです。

さんぽメモ

唐鼠黐
トウネズミモチ

野山の木の実

別名：トウネズ
Ligustrum lucidum
モクセイ科　常緑小高木
別名：日本全土
長さ：5～8mm

明治時代の初期に中国から入ってきたネズミモチの仲間なので「唐ネズミモチ」となりました。在来のネズミモチより全体的に大型で、葉を逆光の中で見たとき葉脈が透けて見えるのが特徴です。果実は秋に紫黒色に熟しますが、これを乾燥させたものは女貞子（じょていし）と呼ばれる生薬になります。

ネズミモチより少し遅れて黄白色の花をつける。

さんぽメモ

鼠黐
ネズミモチ

別名：タマツバキ
Ligustrum japonicum
モクセイ科　常緑低木
分布：本州、四国、九州、沖縄
長さ：5〜9㎜

野山の木の実

トウネズミモチより少し早い時期に白い花を咲かせる。花序は小さい。

山野にも自生しますが、庭木や公園樹、生け垣などにも利用されています。6月頃白い小さな花を咲かせ、その後秋に紫黒色に熟す実がネズミの糞のようで、葉はモチノキに似るのでこの名がつきました。実の形がトウネズミモチより細長いので、よりネズミの糞に近い感じがします。

梛
ナギ

別名：コゾウナカセ
Nageia nagi
マキ科　常緑高木
分布：本州、四国、九州、沖縄
直径：1〜1.5㎝

野山の木の実

南方起源の常緑樹で、マキ科の針葉樹なのに1㎝あまりの幅をもつ変わり種です。雌雄異株で、葉はとても丈夫で簡単にはちぎれません。昔から熊野詣では護符としてナギの葉を身につけたそうです。またナギは凪に通じるとして、海上の安全祈願にも使われましたが、語源は不明です。

若い実は粉をおびた灰白色で、やがて黒っぽく熟す。

さんぽメモ

夏椿
ナツツバキ

別名：シャラノキ
Stewartia pseudocamellia
ツバキ科　落葉高木
分布：本州、四国、九州
長さ：約2 cm

野山の木の実

初夏に咲く白い花には、クマバチやハナバチの仲間が訪れ花粉を媒介する。

夏に白いツバキに似た花を咲かせるのでこの名がつきました。それもそのはずツバキ科の落葉高木です。梅雨の頃、明るい緑の葉の間に咲き始める白い花は、蒸し暑い季節に一服の涼を感じさせてくれます。そんな爽やかな印象からか、最近は庭木や公園樹としてよく見かけます。

さんぽメモ

姫沙羅
ヒメシャラ

別名：コナツツバキ
Stewartia monadelpha
ツバキ科　落葉高木
分布：本州、四国、九州
長さ：約1〜1.5cm

野山の木の実

ヒメシャラの果実と冬芽

前のページのナツツバキの別名をシャラノキ（沙羅の木）と呼びますが、これは仏教の三大聖木の一つの沙羅双樹（そうじゅ）の代用として寺院に植えられたのが由来といわれます。ナツツバキと同じ仲間で花が小ぶりなのでヒメシャラとなりました。9月頃熟す果実もナツツバキとよく似ています。

花はナツツバキの半分ほどの大きさで繊細な感じ。

さんぽメモ

南京黄櫨
ナンキンハゼ

ナンキンハゼの雄花

別名：トウハゼ
Triadica sebifera
トウダイグサ科　落葉高木
分布：本州、四国、九州
直径：約1.3㎝

野山の木の実

中国から入ってきて、ハゼノキのように種子から蠟が採れるのでこの名がつきました。とても丈夫なうえ、紅葉も美しいので街路樹や公園樹としても使われています。秋に黒緑色に熟した果実は裂開して、中から白い蠟状物質に包まれた種子が出てきます。ムクドリが好んで食べます。

秋の紅葉が美しく街路樹や公園樹として人気がある。

さんぽメモ

南天
ナンテン

実は咳止めに、また、葉は強壮剤として使われる。

野山の木の実

別名：ナンテンショク
Nandina domestica
メギ科　常緑低木
分布：本州、四国、九州
直径：0.7〜1cm

赤い実を鳥にとっての食堂の赤い灯（燭）にたとえた漢名の南天燭が和名の由来です。難転（難を転じる）に通じるところから災いを防ぐ意味で古くから家の鬼門の方角に植えられました。実際葉には殺菌作用があるので、食べ物に添えたり、材は長寿を願って箸の材料としても使われます。

6月に大きな円錐型の花序に白い花をたくさんつける。

さんぽメモ

錦木
ニシキギ

別名：ヤハズニシキギ
Euonymus alatus
ニシキギ科　落葉低木
分布：北海道、本州、四国、九州
長さ：約6㎝

野山の木の実

橙赤色の仮種皮を被った種子。

各地の山野に自生する低木で、ふつう1〜2m程度の小さな木ですが、真っ赤に染まる紅葉が見事なので庭木や生け垣などとして植えられます。名の由来も紅葉の美しさを錦にたとえたものです。枝に2〜4枚のコルク質の翼があるのが特徴ですが、これがないものをコマユミと呼びます。

ツリバナやマユミに似ているが枝に翼がある。

さんぽメモ

column ❶

風に乗って飛び散る木の実

植物は自分の子孫をより広い範囲に繁栄させるために、
さまざまな工夫をしていますが、
果実や種子を風に乗せて運んでもらうのも一つの方法です。
そのためのいろいろな形や工夫の一端を紹介します。

●ケヤキ

果実は小枝の先の葉のつけ根にあるのですが、翼も羽根もありません。しかし秋に葉が枯れてくると葉を5〜10枚ほどつけた小枝ごと風に乗って飛んでいきます。実のついた葉は他の葉より少し早めに黄褐色に紅葉します。

●フタバガキ

熱帯雨林に多い常緑高木で沙羅双樹もこの木の仲間ですし、ラワン材はこの木の材です。果実には5枚の萼片があり、このうちの2枚が大きく羽根突きの羽根状になっていて、回転してヘリコプターのように飛んでいきます。

🔴 アキニレ

同じ仲間のハルニレやオヒョウとよく似た薄い翼をもった楕円形の果実(翼果)です。果実の中央に種子があるので、飛ぶときはあまり回転しませんが、ひらひらと舞い散ります。花も、花粉を風に運んでもらう風媒花です。

🔴 イヌシデ

シデの仲間の果実は翼状の果苞と呼ばれる部分のつけ根についています。飛ぶときは果実を中心にくるくる回転します。アカシデやクマシデとは果苞の形が異なるので、地上に落ちた果苞から区別できます。

🔴 ヒマラヤスギ

大きなマツボックリの一つの鱗片に2個ずつ、翼のある三角形の種子がついています。他のマツと異なり、熟すと鱗片ごと剝がれ落ちて、種子が飛び出します。とても幅の広い翼をもっているので飛距離も延びると思われます。

🔴 ツクバネ

モミやツガなどに半寄生する落葉低木で、枝の先端に羽根突きの羽根そっくりの果実をつけます。この羽根に見えるのは4枚の苞の部分です。低い木ですが、果実が強風に舞い上がれば回転しながらよく飛ぶと思われます。

合歓木
ネムノキ

別名：ネム
Albizia julibrissin
マメ科　落葉高木
分布：本州、四国、九州
長さ：10 〜 15㎝

野山の木の実

ネムノキの果実

細かい羽状の葉といい、淡紅色の繊細な花といい、夏の夕暮れに一服の涼を感じさせてくれる木です。その名の由来は芽生えが遅いからとか、葉が夜には閉じて眠るからとかいわれます。漢名の「合歓」も夜になると葉を合わせるように閉じる様を男女が共寝する様にたとえたようです。

花弁は小さく目立たないが、長い淡紅色のおしべが美しい。

野葡萄
ノブドウ

野山の木の実

別名：イヌブドウ
Ampelopsis glandulosa
ブドウ科　つる性落葉低木
分布：日本全土
直径：0.7～12mm

7月頃に咲く小さな花は、淡黄緑色で花弁は5個。

名前は野にあるブドウの意味です。ヤマブドウと違って実はおいしくないためふつうは食べませんが、実の色の多彩な変化はとても美しいものです。しかしこの色はブドウタマバエやブドウトガリバチの幼虫が中に寄生しているために生じるもので、これも食べない理由かもしれません。

這杜松
ハイネズ

別名：ネズ
Juniperus conferta
ヒノキ科　常緑針葉低木
分布：北海道、本州、四国、九州
直径：直径8〜10㎜

野山の木の実

海岸の砂地に這うように生える常緑針葉樹で、内陸に多く、幹が直立するネズミサシの近縁といわれます。そこで、這うネズミサシからハイネズとなりました。丈夫で低く広がるのでグランドカバーや植え込みなどに利用されることも多く、「ブルーパシフィック」などの園芸品種があります。

球果は灰緑色から黄褐色に熟し、粉を帯びることもある。

黄櫨の木
ハゼノキ

別名：リュウキュウハゼ
Rhus succedanea
ウルシ科　落葉高木
分布：本州、四国、九州、沖縄
直径：0.8〜1㎝

果実の表面には光沢がある。

野山の木の実

江戸時代に琉球から入ってきて、実から木蠟を採るために各地に広まりました。日本にはそれ以前から山地にヤマハゼがあり、樹皮を染色に使っていて、黄櫨（ハジ）と呼ばれていたのが語源といわれます。ウルシの仲間で、秋にはみごとに紅葉しますが、かぶれる人もいるので要注意です。

さんぽメモ

花筏
ハナイカダ

野山の木の実

別名：ヨメノナミダ
Helwingia japonica
ハナイカダ科　落葉低木
分布：北海道、本州、四国、九州
直径：約5mm

ハナイカダの雄花

桜などの花びらが水面に散った様子も花筏といいますが、このハナイカダは花をのせて咲かせる葉を筏にたとえてついた名前です。花の柄が葉の主脈と合体しているためこのような形になりました。若葉は山菜としておひたしや天ぷらで食べられますし、葉につく実も熟せば食べられます。

雌雄異株でこれは雄株。雄花のほうが雌花より数多くつく傾向がある。

さんぽメモ

花水木
ハナミズキ

赤い実は野鳥が好んで食べる。

別名：アメリカヤマボウシ
Cornus florida
ミズキ科　落葉高木
分布：北海道、本州、四国、九州
長さ：1〜1.2cm

野山の木の実

1912年に当時の東京市がワシントンに桜（ソメイヨシノ）を贈った返礼として贈られたのがハナミズキでした。ミズキの仲間で花が目立つのでこの名がつきましたが、当初はアメリカから来たのでアメリカハナミズキと呼ばれました。

さんぽメモ

姫榊
ヒサカキ

野山の木の実

別名：ビシャコ
Eurya japonica
ツバキ科　常緑小高木
分布：本州、四国、九州、沖縄
直径：約8㎜

神事には昔から榊（サカキ）が使われますが、サカキは元々西日本に多い木なので、関東以北ではヒサカキで代用します。名前の由来は小さいので姫榊（ヒメサカキ）が転訛（てんか）したとか、新芽が赤いので緋榊が語源だとか諸説があります。早春に都市ガスに似た臭いの白っぽい花を咲かせます。

花はみな下を向いて咲き、独特の香りがある。

さんぽメモ

檜
ヒノキ

別名：ヒ
Chamaecyparis obtusa
ヒノキ科　常緑針葉高木
分布：本州、四国、九州
直径：0.8〜1.2㎝

野山の木の実

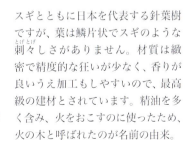

スギとともに日本を代表する針葉樹ですが、葉は鱗片状でスギのような刺々しさがありません。材質は緻密で精度的な狂いが少なく、香りが良いうえ加工もしやすいので、最高級の建材とされています。精油を多く含み、火をおこすのに使ったため、火の木と呼ばれたのが名前の由来。

さんぽメモ

喜馬拉耶杉
ヒマラヤスギ

別名：ヒマラヤシーダー
Cedrus deodara
マツ科　常緑針葉高木
分布：北海道
長さ：6～13㎝

野山の木の実

ヒマラヤ北西部原産で日本には明治時代に入ってきました。ヒマラヤ原産でスギに似ているのでこの名がつきましたが実際にはマツ科です。球果は長さ6～13㎝で直立し、熟すと一つの鱗片に二つずつ重なった翼のある種子が、鱗片とともに剥がれ落ちて飛散します。

原産地のヒマラヤ山脈西部では、高さ50～60mにも達する。

さんぽメモ

楓
フウ

別名：タイワンフウ
Liquidambar formosana
マンサク科　落葉高木
分布：日本全土
直径：2.5～3㎝

野山の木の実

実は高い梢につき、秋に地上に落ちてくるまでその存在に気づかない。

台湾や中国が原産で日本には江戸時代に入ってきました。漢字で楓と書き、この読みからフウとなりました。楓という字は現在の日本ではカエデと読みモミジの仲間に使われますが、本来はフウを指します。プラタナスに似たまるい果実をつけますが、毛状の突起があるのが特徴です。

さんぽメモ

紅葉葉楓
モミジバフウ

別名：アメリカフウ
Liquidambar styraciflua
マンサク科　落葉高木
分布：日本全土
直径：3〜4㎝

野山の木の実

前述のフウの葉が3裂なのに対して5〜7裂してモミジの葉のようなのでこの名がつきました。フウが台湾原産なのでタイワンフウとも呼ばれるのに対して、モミジバフウはアメリカ大陸原産なのでアメリカフウの別名があります。果実は集合果でフウより突起の荒いいがぐり状です。

葉は大きなモミジのよう。若い枝にはコルク質の翼がある。

さんぽメモ

福木
フクギ

別名：シマヤナブ
Garcinia subelliptica
フクギ科　常緑高木
分布：沖縄
直径：約3㎝

傷つくと液が出る

野山の木の実

マンゴスチンの仲間だが食用にはされない。

沖縄で防風林、防火林等の役目を果たしている常緑高木で、大きくみずみずしい厚い葉をもっています。材や樹皮は昔から紅型や琉球紬などの黄色の染料としても利用されています。フクギは福木と書きますが語源は不明です。きっと様々に役に立ち福をもたらすからではないでしょうか。

藤
フジ

別名：ノダフジ
Wisteria floribunda
マメ科　落葉つる性木本
分布：本州、四国、九州
長さ：10〜20㎝

野山の木の実

つる性で、野生では他の木によじ登って、20mくらいの高さになっているものも見かけますが、花が美しいので庭木や公園樹として藤棚などにも仕立てられます。名前の由来は「吹き散る」が転訛(てんか)したなど諸説あります。花の後20〜30㎝にもなる豆の莢(さや)がぶら下がります。

房状に垂れ下がる花は、昔から高貴な花として尊ばれる。

さんぽメモ

刷子の木
ブラシノキ

別名：キンポウジュ
Callistemon speciosus
フトモモ科　常緑小高木
分布：本州、四国、九州、沖縄
長さ：長さ6〜9㎜

ブラシノキの果実

野山の木の実

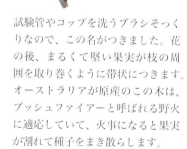

花はこのままコップが洗えそうな形をしている。

試験管やコップを洗うブラシそっくりなので、この名がつきました。花の後、まるくて堅い果実が枝の周囲を取り巻くように帯状につきます。オーストラリアが原産のこの木は、ブッシュファイアーと呼ばれる野火に適応していて、火事になると果実が割れて種子をまき散らします。

さんぽメモ

豆黄楊
マメツゲ

野山の木の実

別名：マメイヌツゲ
Ilex crenata

モチノキ科　常緑低木
分布：本州、四国、九州
直径：約5mm

マメツゲはイヌツゲより小型で、葉は下向きにまるく反ったような形をしていて、イヌツゲの変種とされますが、その可愛い形から、植え込みなどに多く利用されています。ツゲ（ホンツゲ）は次々と葉が出る「次ぎ」が語源ともいわれますが、マメツゲとは違うツゲ科の植物です。

刈込みに強いことから、生垣や植え込み用としても人気。

真弓
マユミ

5〜6月に淡緑色の花をつける。

ニシキギ科の仲間で、実はニシキギやツリバナと似ている。

別名：ヤマニシキギ
Euonymus sieboldianus
ニシキギ科　落葉小高木
分布：北海道、本州、四国、九州
長さ：0.8〜1cm

野山の木の実

よくしなる材は昔から弓を作るのに使われたので、この名があります。ニシキギやツリバナの仲間なので、葉や実の形はよく似ていて、実は熟すと赤みがかった肌色になり、やがてそれが裂開して朱赤の仮種皮に包まれた種子が顔を出します。野鳥への、もう食べられるよのサインです。

水木
ミズキ

野山の木の実

別名：クルマミズキ
Cornus controversa
ミズキ科　落葉高木
分布：北海道、本州、四国、九州
直径：6〜7㎜

葉の緑が美しい木で、特に芽吹きとその直後の新緑は目をみはるほど美しいものです。その芽や葉の先端にまで水分を吸い上げ押し上げる生命力も素晴らしく、この時期に枝を切ると切り口から水が溢れ出てきます。これがミズキの名の由来です。秋にはまるい実が紫黒色に熟します。

紅葉の多彩さと渋さは、とても趣深い。

別名：セッケンノキ
Sapindus mukorossi
ムクロジ科　落葉高木
分布：本州、四国、九州、沖縄
直径：約2cm

無患子
ムクロジ

野山の木の実

6月頃枝先に花をつける（上）。黄葉が始まると実も茶色く色づく（下）。

大きな羽状の葉をもった落葉高木で大きいものは20m近くになります。目立たない花が6月頃に咲き、秋にはべっ甲色の半透明の実をつけます。この実はサポニンを含んでいて石鹸がわりに使えますし、薬効があるため漢名は無患子で、これをムクロシと読んだのが転訛しました。

さんぽメモ

101

曙杉
メタセコイア

別名：アケボノスギ
Metasequoia glyptostroboides
スギ科　落葉針葉高木
分布：日本全土
直径：1.5～2㎝

野山の木の実

1945年に中国の四川省の村で発見されるまでは化石でしか知られていなかった落葉針葉樹です。今では各地で公園樹や街路樹として植えられています。メタセコイアは学名でメタは「変化した・異なった」の意味なので、「セコイアとは似て非なるもの」というような意味でしょう。

黄葉する葉も美しい（上）。新緑の葉は柔らかく美しい（下）。

さんぽメモ

落羽松
ラクウショウ

別名：ヌマスギ
Taxodium distichum
ヒノキ科　落葉針葉高木
分布：本州、四国、九州
長さ：1.5〜3cm

野山の木の実

羽のような形の葉が落葉するので、この名前となった。

前述のメタセコイアとよく似た、落葉針葉樹で秋の紅葉の色もよく似ています。しかしメタセコイアの葉は対生しますが、本種は互生します。また球果に花柄がほとんどなく枝に直接ついた感じです。湿地を好むので根元付近に多くの気根を林立させ、沼杉（ヌマスギ）とも呼ばれます。

さんぽメモ

黐の木
モチノキ

別名：ホンモチ
Ilex integra
モチノキ科　常緑高木
分布：本州、四国、九州、沖縄
直径：10〜12㎜

雌雄異株の常緑高木で、樹皮から鳥を捕獲するのに使う鳥もちを採ったのでこの名がつきました。昔の子供はこの鳥もちと囮(おとり)の鳥を使ってメジロなどを捕獲して飼ったものです。葉は厚めで光沢があり、なめし革のような感触です。果実は球形で秋も深まった頃赤く熟します。

野山の木の実

大きめで堅い実は、秋の深まりとともに緑から赤に熟す。

さんぽメモ

八手

ヤツデ

別名：テングノハウチワ
Fatsia japonica

ウコギ科　常緑低木
分布：本州、四国、九州、沖縄
直径：4〜7㎜

野山の木の実

落葉樹が散り行く頃、常緑の大きな葉の上方に小さな花をつける。

天狗の団扇のような切れ込みのある大きな葉をもつヤツデは暖かい地方に多い常緑低木で、名前の「八つ手」もその葉に由来します。しかし実際には8裂のものは少なく、9裂がふつうです。晩秋に小さな花をまるく散状につけて、その後できる実は初めは緑色で春先に黒く熟します。

百合の木
ユリノキ

別名：ハンテンボク
Liriodendron tulipifera
モクレン科　落葉高木
分布：北海道、本州
長さ：7〜9cm

野山の木の実

独特の形の葉や花、存在感のある堂々とした樹形、美しい新緑や黄葉などから公園や街路樹に多く植えられています。名前は学名のLiriodendron tulipifera（チューリップのようなユリ）からきているようです。翼のある果実は風で飛散します。

さんぽメモ

黄葉も素晴らしく、全体が黄褐色に染まる姿は圧巻。

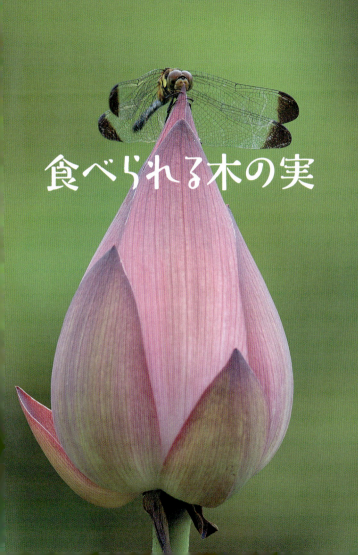

食べられる木の実

秋茱萸
アキグミ

食べられる木の実

別名：アサドリ
Elaeagnus umbellata
グミ科　落葉低木
分布：北海道、本州、四国、九州
直径：6〜9㎜

グミの仲間には、この他にナツグミ、ダイオウグミ、ナワシログミなどありますが、これらのなかではいちばん小さい実で、他のグミの実が楕円形なのに対して、まるいのが特徴です。グミとはグイ（刺）の多い木になる実からきているといわれ、秋に実が熟すのでアキグミとなりました。

初夏に黄白色の花をつける。果実は甘くて渋い。果実酒に利用できる。

さんぽメモ

木通
アケビ

別名：アケビカズラ
Akebia quinata

アケビ科　落葉つる性木本
分布：本州、四国、九州
長さ：5〜9cm

食べられる木の実

雌雄同株、雌雄異花で、左の3つが雄花、右が雌花。

他の木に絡みついてよじ登る、つる性の落葉木本です。葉は5つの小さな葉（小葉）からなっているのが特徴です。秋に10cmくらいの楕円形に育った淡紫色の果実がパックリ割れて、中から甘い胎座に包まれた黒い種子が顔を出します。この開いた実「開け実」が名前の由来といわれます。

さんぽメモ

三葉木通

ミツバアケビ

食べられる木の実

別名：サンヨウアケビ
Akebia trifoliata
アケビ科　落葉つる性木本
分布：本州、四国、九州
長さ：7〜10cm

アケビの葉が5小葉からなるのに対して、3小葉からなるのでミツバアケビと名がつきました。アケビとよく似ていますが、花の色がアケビより濃い紫色で、果実もやや太く大きいものが多いようです。もちろん果実は食べられますし、若い芽も山菜として、おひたし等で食べられます。

雄花も雌花も、色はアケビより濃い紫色。

さんぽメモ

郁子
ムベ

別名：トキワアケビ
Stauntonia hexaphylla
アケビ科　常緑つる性木本
分布：本州、四国、九州、沖縄
長さ：5〜8cm

食べられる木の実

雌雄異花で、どちらの花も白色で下向きに咲く。

アケビと同じ仲間ですが、ムベは常緑の厚い葉をもっているのでトキワアケビ（常葉通草）とも呼ばれます。昔、天智天皇がある老夫婦に長寿の秘訣を尋ねたところ、ムベを差し出し、この実を食べているからと答えました。感心した天皇が「むべなるかな」と言われたのが名前の由来です。

一位
イチイ

食べられる木の実

別名：アララギ
Taxus cuspidata
イチイ科　常緑針葉高木
分布：北海道、本州、四国、九州
直径：約1cm

カヤに葉が似ていますが、やや小ぶりで赤い実がなるので区別できます。昔、笏(しゃく)(高官が束帯のとき威儀を正すために右手にもった細長い板)をこの木で作ったので、位階の正一位や従一位という名称から名がついたといわれます。実の赤い部分は食べられますが、真ん中の種子は有毒です。

雌雄異株。雄花は黄褐色(上)で、雌花は緑色(下)。

さんぽメモ

無花果
イチジク

別名：トウガキ

Ficus carica

クワ科　落葉小高木
分布：本州、四国、九州、沖縄
長さ：7〜8㎝

食べられる木の実

表面が赤紫色に変わり艶が出てきたら食べ頃。

さんぽメモ

昔から薬用や食用にされてきたイチジクですが、日本には江戸時代に入ってきました。一日に一つずつ実が熟すので一熟（イチジュク）からイチジクになったなど名の由来には諸説あります。漢字では無花果ですが無花どころか食べているのは実ではなく、花の周りの花嚢（かのう）という部分です。

銀杏
イチョウ

別名：ギンナン
Ginkgo biloba
イチョウ科　落葉高木
分布：日本全土
長さ：2.5〜3㎝

食べられる木の実

化石があることから中生代〜新生代第3期までは多くの仲間が栄えていましたが、その後途絶えて、11世紀に中国で見つかるまでは絶滅したと思われていたようです。1科1属1種の生きた化石で、葉がカモの足に似るところから中国名の鴨脚（おうきゃく）の、イチャオという発音が名前の由来です。

黄葉は地上まで覆いつくす。葉にも実にも薬効がある。

犬枇杷
イヌビワ

別名：ヤマビワ
Ficus erecta
クワ科　落葉低木
分布：本州、
四国、九州、
沖縄
長さ：2〜2.5cm

食べられる木の実

実はイチジクを小さくした感じ。熟すと甘い。

さんぽメモ

ビワの実に似ていて、さほどおいしくないところからイヌビワとなりました。しかしビワではなくイチジクの仲間で、実をよく見るとイチジクのほうが似ていることが分かります。イヌビワコバチという小さなハチと共生することではじめて受粉できる生態も、イチジクの仲間の特徴です。

犬槇
イヌマキ

食べられる木の実

別名：クサマキ
Podocarpus macrophyllus
マキ科　常緑針葉高木
分布：本州、四国、九州、沖縄
直径：約1cm

暖かい地方の生け垣でよく使われていますし、庭木としても根強い人気を保っています。コウヤマキをホンマキというのに対して、それより劣るという意味でイヌマキと言うようになったといわれます。イヌマキの生け垣の多い千葉県などでは細い葉からホソバの名でも呼ばれます。

灰白色の粉に覆われている若い実は、花床の部分も細く小さい。

さんぽメモ

団扇仙人掌
ウチワサボテン

ウチワサボテンの果実

別名：ノパル
Opuntia spp
サボテン科　多肉植物
分布：沖縄
長さ：6〜8cm

食べられる木の実

サボテンは脂や汚れを落とすのに使ったことから石鹸体(シャボンテイ)と呼ばれたのが名の由来です。ウチワサボテンはまるく平たい茎節(けいせつ)の形を団扇にたとえました。ウチワサボテンにもいろいろありますが、花が咲いたあと、楕円形で多肉質の細かい種子をもつ果実をつけます。

メキシコでは果実も葉のような茎の部分も食べる。

さんぽメモ

榎
エノキ

別名：エ
Celtis sinensis
ニレ科　落葉高木
分布：本州、四国、九州
直径：5〜6mm

食べられる木の実

昔から一里塚に植えられるなど、人々に親しまれてきた木です。春に芽吹くと同時に目立たない花を咲かせて、秋には直径7〜8mmのまるい実が赤褐色に熟します。この実は甘くて人間も食べられますが、野鳥が好んで食べるところから「餌の木」と呼ばれるようになったのが名の由来です。

新芽にまぎれて花は目立たない。葉はオオムラサキの幼虫の食草。

蝦蔓
エビヅル

別名：エビカズラ
Vitis ficifolia

ブドウ科　落葉つる性木本
分布：北海道、本州、四国、九州
直径：約6㎜

エビヅルの若い実

食べられる木の実

葉は互生し3〜5裂する。葉の裏面には産毛がある。

ヤマブドウの仲間のつる性の木本で、ヤマブドウが冷涼な気候を好むのに対し、比較的温暖な地域にも分布します。実がイセエビのような大型のエビの目に似ているので、昔からエビカズラと呼ばれていたのが語源といわれます。ヤマブドウより少し青臭いものの、おいしく食べられます。

さんぽメモ

鬼胡桃
オニグルミ

別名：オグルミ
Juglans mandshurica
クルミ科　落葉高木
分布：北海道、本州、四国、九州
直径：約3㎝

食べられる木の実

日本の野生のクルミで高さ20m以上になる落葉高木です。外国産のものより殻が堅くて、食べる部分は小さいものの味は濃いといわれます。樹皮から黒の染料を採ったところから、黒実と呼ばれたのが語源で、もう一つの在来種であるヒメグルミより大きいのでオニグルミとなりました。

雌雄同株で雌花は新芽の先端に直立し、雄花はヒモ状に垂れ下がる。

さんぽメモ

莢蒾
ガマズミ

別名：ヨソゾメ
Viburnum dilatatum
スイカズラ科　落葉低木
分布：北海道、本州、四国、九州
長さ：5〜6mm

初夏の白い花と秋の真っ赤な実、そして趣深い紅葉が美しい落葉低木で、日本の固有種です。材を鎌などの農具の柄に使ったことから鎌柄（カマツカ）、酸っぱい実から酸実（スミ）、これが合わさってガマズミに転訛したといわれます。実はそのまま食べられますし、果実酒にも利用されます。

5〜6月、たくさんの白い花を平らにつける。

さんぽメモ

食べられる木の実

鎌柄
カマツカ

別名：ウシコロシ
Pourthiaea villosa
バラ科　落葉小高木
分布：日本全土
長さ：6〜8㎜

科はちがうものの前述のガマズミと同様に堅い材質をもつカマツカは、鎌などの農具の柄に使われました。その鎌柄が名前の由来です。さらに堅いだけでなく粘りがあり折れにくいところから、ウシの鼻輪に加工されウシコロシの別名もあります。実は品の良い甘みがあり食べられます。

上：4〜5月に咲く白い花。
下：完熟した実は甘い。

榧
カヤ

別名：ホンガヤ
Torreya nucifera
イチイ科　常緑針葉高木
分布：本州、四国、九州
長さ：2〜3cm

食べられる木の実

モミに似た葉をもつ常緑高木で高さは大きいものは20mを超えます。材は特有の香りと艶があるため高級材とされ、そろばん珠(だま)や碁盤などに使われます。また種子は干してから煎って食べるとアーモンドのようで美味です。葉をいぶして蚊を追い払った蚊遣りが名の由来といわれます。

葉の形と大きさは、イチイとイヌガヤの中間ほど。

さんぽメモ

花梨
カリン

別名：カラナシ
Chaenomeles sinensis
バラ科　落葉高木
分布：本州
長さ：7〜13cm

中国原産の落葉広葉樹で日本へは江戸時代に入ってきました。フタバガキ科のカリンと木目が似ているところから同じ名で呼ばれるようになったといいます。実はそのままでは食べられませんが、果実酒にしたり、二つに割って干したものは和木瓜（わもっか）という生薬として知られます。

食べられる木の実

4〜5月に5弁の淡紅色の花をつける。

さんぽメモ

榲桲
マルメロ

別名：セイヨウカリン
Cydonia oblonga
バラ科　落葉高木
分布：本州
長さ：7～12㎝

食べられる木の実

中央アジア原産で日本には1600年代にポルトガルから入ってきました。別名でセイヨウカリンとも呼ばれ、長野県の一部ではカリンと呼んでいるところもありますが、それぞれ別属でマルメロの果実は綿毛で覆われているのが特徴です。この果実を指すポルトガル語が語源です。

果実は全体が短毛で覆われているため、白っぽく見える。

さんぽメモ

枸杞
クコ

別名：ゴジベリー
Lycium chinense
ナス科　落葉低木
分布：本州、四国、九州
長さ：約2㎝

食べられる木の実

クコの花

海岸近くなどで1～2mの枝を弧状に茂らせているのをよく見かけます。実、葉、根皮を生薬として利用します。古く中国から入ったとされ、中国名の枸杞の音読みが日本名になっていますが、カラタチ（枸）のような刺があって、カワヤナギ（杞）のようにしなやかだという意味をもちます。

実は果実酒にしたり、干して中華料理や薬膳に利用される。

さんぽメモ

梔子

クチナシ

別名：ガーデニア
Gardenia jasminoides
アカネ科　常緑低木
分布：本州、四国、九州、沖縄
長さ：4〜5㎝

食べられる木の実

花期は6〜7月で、花は時間が経つと黄色がかる。

さんぽメモ

暖かい地方の林内に育つ常緑低木ですが、コンパクトな樹形で、良い香りの白い花が咲くため庭木として植えられることが多く、果実は薬用や食品の色付けなどに使われます。その果実は熟しても裂けて口を開けることがないので「口無し」となりました。八重咲き種には実はなりません。

栗
クリ

別名：シバグリ
Castanea crenata
ブナ科　落葉高木
分布：北海道、本州、四国、九州
長さ：1.5〜3㎝

食べられる木の実

各地の山野に自生し、樹高は20m近くにもなる落葉高木で、野生のものは山栗とか柴栗などと呼ばれます。また、野生種を品種改良したより実の大きい栽培種が各地で植栽されています。クリという名前は果皮の色が黒っぽいところから黒（くろ）となり、それが転訛したといわれます。

クリの花は雄花が目立つ。付け根近くに雌花がある。

さんぽメモ

玄圃梨

ケンポナシ

別名：テンポノナシ
Hovenia dulcis
クロウメモドキ科　落葉高木
分布：北海道、本州、四国、九州
直径：7〜9mm

食べられる木の実

6月頃に咲く淡黄白色の花には、蜜を求めて多くの虫が集まる。

各地の山野に自生していますが、数は多くはありません。この木の特徴は何といっても果実の形です。果実そのものではなくその柄の曲がりくねった部分が肥大して肉質化し、ナシのように甘くなります。名前の由来は花柄の形から昔は手ん棒梨といっていたのが転訛したようです。

さんぽメモ

石榴
ザクロ

食べられる木の実

別名：セキリュウ
Punica granatum
ミソハギ科　落葉小高木
分布：北海道、本州、四国、九州
直径：4〜9㎝

西南アジア原産の落葉小高木で、日本には10世紀に中国から伝わったといわれています。果実は熟すとパックリ開き、粒の堅い食感と酸味は独特のものです。花もきれいなので江戸時代には多くの園芸種が作られました。原産地であるイランのザグロス山脈が名前の由来といわれます。

観賞用に栽培されてきたので、矮性や八重咲き種もある。

さんぽメモ

山茱萸
サンシュユ

別名：ハルコガネバナ
Cornus officinalis
ミズキ科　落葉小高木
分布：日本全土
長さ：1.2〜1.8mm

食べられる木の実

中国や朝鮮半島が原産で江戸時代に薬用として入ってきました。葉が芽吹く前に、木全体を覆うように咲く細かな黄色い花は春らしく、花木としても人気です。秋に赤く熟した果実の種子を抜いて干したものが生薬のサンシュユです。名前は漢名の山茱萸を音読みしたものです。

早春に葉の芽生えに先駆けて咲く黄色い花。

さんぽメモ

131

山椒
サンショウ

食べられる木の実

別名：ハジカミ
Zanthoxylum piperitum
ミカン科　落葉低木
分布：北海道、本州、四国、九州
長さ：約5mm

若葉は木の芽の名で知られる香辛料として和食に使われ、果実は粉にしてウナギの蒲焼きには欠かせません。また幹は高級な擂（す）り粉（こ）木（ぎ）になり、捨てるところのない木です。漢字の「椒」の字には小さい実という意味があり、山にある小さな実という意味で「山椒」という名になりました。

4〜5月に花をつけ、若葉は「木の芽」として和食に欠かせない香味。

さんぽメモ

亜米利加采振木

ジューンベリー

ジューンベリーの花

別名：カナディアン・サービスベリー
Amelanchier canadensis

バラ科　落葉小高木
分布：北海道、本州、四国、九州
直径：1～1.5㎝

食べられる木の実

果実は生食でも、ジャムなどにも加工してもおいしい。

さんぽメモ

爽やかな白い花、その名の通り6月に赤〜紫黒色に熟す美味しい果実で、新緑も紅葉も美しく、庭木としても人気の木です。日本にも同じ仲間のザイフリボクがあり、これは花を采配に見立てて采振り木という名になりました。ジューンベリーはアメリカザイフリボクとも呼ばれます。

須田椎
スダジイ

食べられる木の実

別名：シイノキ
Castanopsis sieboldii
ブナ科　常緑高木
分布：本州、四国、九州、沖縄
長さ：1.5〜2cm

神社の鎮守の森を構成する木のひとつです。堅果（ドングリ）ははじめ灰緑色の殻斗（かくと）に包まれていますが熟すとそれが裂けてこぼれ落ちます。落ちて木の下（シ）にある実（ヒ）からシイ、その形がシタダミ（巻貝の一種）に似ているのでシタシイとなり、それが転訛（てんか）しました。

古い葉の表側は濃緑色だが、花期の新緑は黄緑色。

さんぽメモ

酸実
ズミ

別名：コリンゴ
Malus toringo

バラ科　落葉小高木
分布：北海道、本州、四国、九州
直径：6〜8㎜

食べられる木の実

大きいものは高さ10mほどになる木で、冷涼な湿地や荒野に多く見られ、初夏に咲くリンゴに似た白い花は見事です。樹皮を煮出して黄色の染料を採ったことから「染み」と呼ばれ、それが転訛したのが名の由来です。実が酸っぱいので酢実（ズミ）説もありますが、熟すと甘いです。

果実は黄色く熟すものと赤く熟すものがある。

さんぽメモ

column ❷

変わった木の実、おもしろい木の実

木の実には変わった形をしたものや、おもしろい生態のもの、
身近で役に立っているのに意外と知らなかったものなど、
興味深いものがたくさんあります。ここでは
そうした植物の多様性のほんの一端を紹介したいと思います。

● **カカオ**

コーヒー豆は知っていても、チョコレートやココアの原料が採れるカカオの果実はあまり見る機会がないのではないでしょうか。中南米原産で、昔アステカでは聖なる食べ物とされ、学名のテオブロマ・カカオのテオブロマも神の食べ物を意味します。果実の中には数十個の種子(カカオ豆)が入っています。

花は太い幹に直接つき、大きな果実も直接ぶら下がる。

●ヤエヤマヒルギ

マングローブの構成樹の一つで、この仲間の特徴は果実が木にあるときから根を出すことです。これを胎生種子といいます。これが木から離れて落下して、短剣のような根が浅瀬の土に刺さればそのまま幼苗になり、刺さらなければ潮に流された先で根づくことになります。

果実の先端から長い根を伸ばした胎生種子。

成長した木はタコの足のような呼吸根が特徴的。

●ナギイカダ

葉の上に直接花や実がついているように見えるナギイカダですが、葉のように見えるのは実は茎が変化したもので、本物の葉は退化してほとんど目立ちません。同じように葉に花がつくものにハナイカダ（P88参照）がありますがこちらは花の柄が葉の主脈と合体したものです。

茎の変化したものというが、どう見ても葉に見える。

雌雄異株でこれは雌花なのでやがて実になる。

西洋実桜
セイヨウミザクラ

別名：カラミザクラ
Prunus avium
バラ科　落葉高木
分布：北海道、本州
直径：1.5 〜 2.5㎝

セイヨウミザクラの花

食べられる木の実

サクラの仲間の実を総称してサクランボと呼びますが、食用として流通しているサクランボは、ほぼ全て黄桃の一種とされるセイヨウミザクラから作出された一品種の果実です。西洋から入った実を採るサクラの意味です。多くの品種があり、スモモの花のように花数が多いのが特徴です。

食用の実を採るための品種だけあって、実の大きさ、数とも抜群。

さんぽメモ

角榛
ツノハシバミ

別名：ナガハシバミ
Corylus sieboldiana
カバノキ科　落葉低木
分布：北海道、本州、四国、九州
長さ：3〜7cm

食べられる木の実

各地の山地で見られる落葉低木で、近縁のハシバミの果実は露出しているのに対してツノハシバミは花の総苞（そう）（ほう）が角のように伸びて果実を覆うのでこの名があります。ハシバミという名については、葉に皺が多くて実がおいしいので葉皺実（はしわみ）（てんか）が転訛したなどの諸説があります。

ヘーゼルナッツの実るセイヨウハシバミの近縁種で果実はおいしい。

さんぽメモ

栃の木
トチノキ

別名：マロニエ
Aesculus turbinate
トチノキ科　落葉高木
分布：北海道、本州、四国、九州
直径：4〜5㎝

縄文時代から人々の役に立ってきた木で山の沢沿いなどに多く、高さは30m近くにもなります。実がたくさんなるところからトは十を、チは千を表しトチノキとなったといいます。実はアク抜きして飢饉のときの食料などにされ、この粉をもち米とともに搗いた栃餅はよく知られています。

食べられる木の実

花期は5〜6月で、ミツバチが好む蜜源植物。

さんぽメモ

夏櫨
ナツハゼ

食べられる木の実

別名:ヤマナスビ
Vaccinium oldhamii
ツツジ科　落葉低木
分布:北海道、本州、四国、九州
直径:7〜10㎜

ツツジ科なのでハゼノキの仲間ではありませんが、夏にハゼノキの紅葉のように葉が赤くなるので、この名がつきました。6月頃ドウダンツツジの花に似た形の淡黄緑色の花を下向きに連ねて咲かせ、その後できる実はやがて赤から黒く熟し、ブルーベリーの仲間なので食べられます。

ブルーベリーの近縁種で、果実は酸味が強いがおいしい。

さんぽメモ

棗
ナツメ

食べられる木の実

別名：タイソウ
Zizyphus jujuba
クロウメモドキ科　落葉小高木
分布：日本全土
長さ：約2㎝

ヨーロッパ南東部〜東アジア原産で、日本には奈良時代にはすでに入っていたといわれます。果実は長さ2〜2.5㎝の俵形で淡黄白色から赤褐色に熟します。熟した実は漢方で大棗(たいそう)と呼ばれ、健胃、強壮など多くの用途があります。棗は漢名で、初夏に芽が出るので夏芽となりました。

互生した長さ3〜4㎝の葉のつけ根に、小さな花が数個つく。

さんぽメモ

七竈
ナナカマド

別名：ヤマナンテン
Sorbus commixta
バラ科　落葉高木
分布：北海道、本州、四国、九州
直径：4〜6㎜

食べられる木の実

野鳥が好んで食べる。

冷涼な気候を好む木で、平地にも植えられますが本来自生する山のものはより生き生きとして見えます。材がとても堅くて七回竈に入れても燃え尽きないところからついた名前といわれ、備長炭の原料としても極上品のひとつとされています。赤い果実は果実酒やジャムに利用されます。

さんぽメモ

143

庭梅
ニワウメ

別名：コウメ
Prunus japonica
バラ科　落葉低木
分布：北海道、本州、四国、九州
直径：約1cm

食べられる木の実

中国原産で、日本には江戸時代に入ってきたといわれます。コンパクトで株立ちになる樹形から庭木や鉢植えとして人気があります。庭にあり花がウメに似て、ニワウメと呼ばれるようになりました。果実は6月頃赤く熟し、酸味が強いものの生食もできます。

ニワウメの花

春、葉に先立って枝が見えなくなるほど花をつける。

さんぽメモ

接骨木
ニワトコ

別名：タズノキ
Sambucus racemosa
レンプクソウ科　落葉小高木
分布：本州、四国、九州
直径：3〜5㎜

食べられる木の実

3〜5月頃、枝先に細かい泡のような花を咲かせる。

低木もしくは小高木とされ樹高はふつう2〜5m程度ですが、よく枝分かれして弧を描くように広がります。昔から神事に使われたので宮仕う木（ミヤツコギ）が転訛したのが名の由来といわれます。この枝を小鳥の籠の止まり木にすると、小鳥が病気にならないといわれよく使われます。

さんぽメモ

野茨
ノイバラ

ノイバラの花

食べられる木の実

別名：ノバラ
Rosa multifora
バラ科　落葉低木
分布：北海道、本州、四国、九州
直径：6〜9㎜

日本各地の山野でふつうに見られる野生のバラで、初夏に直径2〜3㎝の白い花をたくさんつけます。茎に刺（とげ）をもつ植物を茨（いばら）といいますが、野にある茨でノイバラとなりました。果実を干したものは栄実（えいじつ）と呼ばれる生薬で、また生の果実は果実酒にも利用されます。

果実は小さくて堅めで、果実酒などに利用される。

さんぽメモ

浜梨
ハマナス

別名：ハマナシ
Rosa rugosa
バラ科　落葉低木
分布：北海道、本州
直径：2〜2.5cm

果実にはビタミンCが豊富。

食べられる木の実

ノイバラとともに日本を代表する野生のバラのひとつです。主に冷涼な地方の海岸に自生します。初夏に咲く赤い花も、その後の果実もノイバラよりはずっと大きく、果実はローズヒップとしてハーブティーに利用されます。名前は果実を梨に見立てたハマナシが転訛したといわれます。

さんぽメモ

枇杷
ビワ

食べられる木の実

別名：ビワ
Eriobotrya japonica
バラ科　常緑高木
分布：本州、四国、九州、沖縄
長さ：5〜7㎝

花は晩秋から冬に開花する。

長楕円形の大きなガサガサした葉をもち、樹高は10mほどになる常緑高木です。古く中国から入ったとされますが、暖かい地方には自生しているものも見られます。栽培種の実は大きくて甘くみずみずしい高級果実です。この果実の形が楽器の琵琶に似ているところから名前がつきました。

大きい実を採るためには摘花や袋がけが欠かせない。

さんぽメモ

148

黒実木苺
ブラックベリー

別名：セイヨウヤブイチゴ
Rubus fruticosus
バラ科　落葉低木
分布：北海道、本州
長さ：2〜3cm

ブラックベリーの花

緑から赤褐色、黒色に熟す。
日当たりのいい場所を好む。

食べられる木の実

北米原産のキイチゴの仲間で、果実が熟すと黒くなるのでこの名がつきました。半つる性なので他の木やフェンスに絡むように伸びていきます。5〜6月に白〜淡紅色の花を咲かせ、実は赤褐色から黒く熟します。色が濃いのでアントシアニンを多く含み、生食やジャムにして食べます。

木瓜
ボケ

別名：カラボケ
Chaenomeles speciosa
バラ科　落葉低木
分布：北海道、本州、四国、九州
直径：3～4㎝

食べられる木の実

中国原産で、花が美しいので多くの花色の園芸種があります。果実は直径5㎝ほどで堅いのでそのままでは食べられませんが、果実酒にしたり、干したものは木瓜という漢方薬となります。漢名も木瓜でこれを音読みした「モッカ」が転訛してボケになったといわれています。

ウメの花のように花柄がほとんどない。多くの園芸種がある。

さんぽメモ

馬刀葉椎
マテバシイ

別名：サツマジイ
Lithocarpus edulis
ブナ科　常緑高木
分布：本州、四国、九州、沖縄
長さ：2〜3㎝

食べられる木の実

新緑とともに、クリと同じような細長い雄花序をつける。

さんぽメモ

マテバシイは日本の固有種で房総半島から沖縄にかけて分布する常緑高木です。堅果（ドングリ）は大きくて立派ですが、アクが強いのでスダジイのように生のまま食べることはできません。そこで少し待てばシイ（スダジイ）のように食べられるのではないか、というのが名の由来です。

紅葉苺
モミジイチゴ

食べられる木の実

別名：キイチゴ
Rubus palmatus
バラ科　落葉低木
分布：北海道、本州
直径：1〜1.5cm

高さ2mくらいになる落葉低木で、春に葉の展開と同時に白い清楚な5弁花を下向きに咲かせます。実は黄色で熟しても赤くなることはなく、これも下向きにつきます。味はキイチゴのなかでも一、二を争うおいしさです。葉がモミジの葉のように切れ込んでいるのでこの名がつきました。

さんぽメモ

山桑
ヤマグワ

別名：クワ
Morus bombycis
クワ科　落葉高木
分布：北海道、本州、四国、九州
長さ：約2cm

食べられる木の実

黒く熟した実は柔らかい。葉は切れ込みのあるものからないものまで様々。

各地の山野でふつうに見られる樹高3〜15mくらいの落葉樹です。現在は養蚕には中国産のマグワ系の品種が使われることが多いですが、以前はヤマグワも使われていました。そのため蚕が「食う葉」からクワに転訛（てんか）したといわれます。実は緑〜赤〜紫黒色と熟していき野趣豊かな味です。

さんぽメモ

山法師
ヤマボウシ

別名：ヤマグワ
Cornus kousa

ミズキ科　落葉高木
分布：本州、四国、九州
直径：1〜2cm

食べられる木の実

ハナミズキに似た白い花（白いのは実際は総苞片）が咲きますが、先が尖っているのと、咲く時期がひと月ほど遅いのが特徴です。この花の中心のまるい部分を法師の頭に、白い4枚の総苞片を頭巾に見立てて、山に咲く法師でヤマボウシとなりました。まるい集合果は甘くて食べられます。

花期はハナミズキより遅く、白い総苞片の先が尖っているのが特徴。

さんぽメモ

山桃

ヤマモモ

別名：ヤモモ
Myrica rubra
ヤマモモ科　常緑高木
分布：本州、四国、九州
直径：1～2cm

食べられる木の実

日本では関東以西の暖かい地方に自生し、大きいものは樹高20mにもなります。雌雄異株なので街路樹には実が落ちないように雄の木を植えますが、実はそのまま食べてもおいしいほか、果実酒やジャムにも利用できます。その実を山の桃にたとえてヤマモモという名になりました。

花は雌雄異株で、これは開花直前の雄花序（ゆうかじょ）。

さんぽメモ

おわりに

この本とともに歩くと、いままで気付かなかった木のこと、自然のことに少し気付いていただけたのではないかと思います。木の実は鳥や獣に食べられて分布を広げるもの、風や水に運ばれて拡散するものなど、みな自分の子孫をより多く広い地域に残そうと様々な戦略を練っています。木の実の様々な色や形は、みなそうした意味をもっていますし、人間を含めた動物たちはそれを食べたり、蓄えたりすることで恩恵を得ると同時に植物の繁栄にも寄与している訳です。名前の由来からも、そうした人と木の長い関わり合いの一端を垣間見ることができます。一粒の木の実の名前を知ることをきっかけに、身近な自然がより興味深いものになって頂けたらうれしいです。

2017年8月　亀田龍吉

【参考文献】
『新訂 原色樹木大圖鑑』(北隆館)
『大辞林第三版』(三省堂)

木の実さんぽ手帖 索引

【ア】

アオギリ　青桐……8
アオツヅラフジ　青葛藤……9
アカシデ　赤四手……10
アカマツ　赤松……13
アカメガシワ　赤芽柏……14
アキグミ　秋茱萸……108
アケビ　木通……109
アブラチャン　油瀝青……15
アメリカスズカケノキ　亜米利加鈴懸の木……16
アラカシ　粗樫……18
イチイ　一位……112
イチジク　無花果……113
イチョウ　銀杏……114
イヌガヤ　犬榧……19
イヌシデ　犬四手……11
イヌビワ　犬枇杷……115
イヌマキ　犬槇……116
イボタノキ　水蠟樹……20
イロハカエデ　以呂波楓……21
ウチワサボテン　団扇仙人掌……117
ウバメガシ　姥目樫……22
ウメモドキ　梅擬……23
エゴノキ　野茉莉……25
エノキ　榎……118
エビヅル　蝦蔓……119
エンジュ　槐……27
オオバヤシャブシ　大葉夜叉五倍子……29
オニグルミ　鬼胡桃……120

【カ】

カナメモチ　要黐……31
ガマズミ　莢蒾……121
カマツカ　鎌柄……122
カヤ　榧……123
カラスザンショウ　烏山椒……33
カラタチ　枳殻……32
カラマツ　唐松(落葉松)……34
カリン　花梨……124
キササゲ　木大角豆……35

キヅタ　木蔦……36
ギョリュウバイ　御柳梅……37
キリ　桐……38
クコ　枸杞……126
クサギ　臭木……39
クスノキ　樟……40
クチナシ　梔子……127
クヌギ　櫟……41
クマシデ　熊四手……12
クリ　栗……128
クロガネモチ　黒鉄黐……42
ケンポナシ　玄圃梨……129
コウヤマキ　高野槇……43
コウヨウザン　広葉杉……44
コナラ　小楢……45
コノテガシワ　児手柏……46
コブシ　辛夷……47
コムラサキ　小紫……48

【サ】

サイカチ　皂莢……50
ザクロ　石榴……130
サザンカ　山茶花……51
サラサドウダン　更紗灯台……54
サルトリイバラ　猿捕茨……55
サンゴジュ　珊瑚樹……56
サンシュユ　山茱萸……131
サンショウ　山椒……132
シキミ　樒……57
シナヒイラギ　支那柊……58
シャリンバイ　車輪梅……59
ジューンベリー　亜米利加采振木……133
シラカシ　白樫……60
シロダモ　白だも……61
スイカズラ　吸葛……62
スギ　杉……63
スダジイ　須田椎……134
ズミ　酸実……135
セイヨウミザクラ　西洋実桜……138
センダン　栴檀……64

センリョウ　千両 …………………………65

【タ】

タチバナモドキ　橘擬 ……………………67
タブノキ　椨の木 …………………………70
チャノキ　茶の木 …………………………53
ツノハシバミ　角榛 ……………………139
トチノキ　栃の木 ………………………140
ツリバナ　吊花 ……………………………71
ツルウメモドキ　蔓梅擬 …………………24
ドイツトウヒ　独逸唐檜 …………………72
トウカエデ　唐楓 …………………………73
トウネズミモチ　唐鼠黐 …………………74
トキワサンザシ　常磐山査子 ……………68

【ナ】

ナギ　梛 ……………………………………76
ナツツバキ　夏椿 …………………………77
ナツハゼ　夏櫨 …………………………141
ナツメ　棗 ………………………………142
ナナカマド　七竈 ………………………143
ナンキンハゼ　南京黄櫨 …………………79
ナンテン　南天 ……………………………80
ニシキギ　錦木 ……………………………81
ニワウメ　庭梅 …………………………144
ニワトコ　接骨木 ………………………145
ネズミモチ　鼠黐 …………………………75
ネムノキ　合歓木 …………………………84
ノイバラ　野茨 …………………………146
ノブドウ　野葡萄 …………………………85

【ハ】

ハイネズ　這杜松 …………………………86
ハクウンボク　白雲木 ……………………26
ハゼノキ　黄櫨の木 ………………………87
ハナイカダ　花筏 …………………………88
ハナミズキ　花水木 ………………………89
ハマナス　浜梨 …………………………147
ハリエンジュ　針槐 ………………………28
ハンノキ　榛の木 …………………………30

ヒサカキ　姫榊 ……………………………90
ヒノキ　檜 …………………………………91
ヒマラヤスギ　喜馬拉耶杉 ………………92
ヒメシャラ　姫沙羅 ………………………78
ビワ　枇杷 ………………………………148
フウ　楓 ……………………………………93
フクギ　福木 ………………………………95
フジ　藤 ……………………………………96
ブラシノキ　刷子の木 ……………………97
ブラックベリー　黒実木苺 ……………149
ベニシタン　紅紫檀 ………………………69
ボケ　木瓜 ………………………………150

【マ】

マテバシイ　馬刀葉椎 …………………151
マメツゲ　豆黄楊 …………………………98
マユミ　真弓 ………………………………99
マルメロ　榲桲 …………………………125
マンリョウ　万両 …………………………66
ミズキ　水木 ……………………………100
ミツバアケビ　三葉木通 ………………110
ムクロジ　無患子 ………………………101
ムベ　郁子 ………………………………111
ムラサキシキブ　紫式部 …………………49
メタセコイア　曙杉 ……………………102
モチノキ　黐の木 ………………………104
モミジイチゴ　紅葉苺 …………………152
モミジバスズカケノキ　紅葉葉鈴懸の木 … 17
モミジバフウ　紅葉葉楓 …………………94

【ヤ】

ヤツデ　八手 ……………………………105
ヤブツバキ　藪椿 …………………………52
ヤマグワ　山桑 …………………………153
ヤマボウシ　山法師 ……………………154
ヤマモモ　山桃 …………………………155
ユリノキ　百合の木 ……………………106

【ラ】

ラクウショウ　落羽松 …………………103

ポケット版 木の実さんぽ手帖
発行日　2017年9月15日　初版第1刷発行

写真・文：亀田龍吉
発行者：小穴康二
発行：株式会社世界文化社
〒102-8187 東京都千代田区九段北4-2-29
電話03-3262-5115（販売部）
印刷・製本：図書印刷株式会社

© Ryukichi Kameda, 2017. Printed in Japan
ISBN978-4-418-17241-2
無断転載・複写を禁じます。定価はカバーに表示してあります。
落丁・乱丁のある場合はお取り替えいたします。

デザイン：新井達久(新井デザイン事務所)
校正：株式会社円水社
編集：株式会社世界文化クリエイティブ・飯田 猛

※内容に関するお問い合わせは、
株式会社世界文化クリエイティブ　℡03 (3262) 6810
までお願いいたします。